T0194675

essentials

essentials liefern aktuelles Wissen in konzentrierter Form. Die Essenz dessen, worauf es als „State-of-the-Art" in der gegenwärtigen Fachdiskussion oder in der Praxis ankommt. *essentials* informieren schnell, unkompliziert und verständlich

- als Einführung in ein aktuelles Thema aus Ihrem Fachgebiet
- als Einstieg in ein für Sie noch unbekanntes Themenfeld
- als Einblick, um zum Thema mitreden zu können

Die Bücher in elektronischer und gedruckter Form bringen das Expertenwissen von Springer-Fachautoren kompakt zur Darstellung. Sie sind besonders für die Nutzung als eBook auf Tablet-PCs, eBook-Readern und Smartphones geeignet. *essentials:* Wissensbausteine aus den Wirtschafts-, Sozial- und Geisteswissenschaften, aus Technik und Naturwissenschaften sowie aus Medizin, Psychologie und Gesundheitsberufen. Von renommierten Autoren aller Springer-Verlagsmarken.

Weitere Bände in der Reihe http://www.springer.com/series/13088

Karl-Heinz Zimmermann

Berechenbarkeit

Berechnungsmodelle und
Unentscheidbarkeit

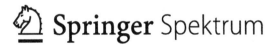 Springer Spektrum

Karl-Heinz Zimmermann
Institut für Eingebettete Systeme
TU Hamburg
Hamburg, Deutschland

ISSN 2197-6708   ISSN 2197-6716   (electronic)
essentials
ISBN 978-3-658-31738-6   ISBN 978-3-658-31739-3   (eBook)
https://doi.org/10.1007/978-3-658-31739-3

Die Deutsche Nationalbibliothek verzeichnet diese Publikation in der Deutschen Nationalbiblio-
grafie; detaillierte bibliografische Daten sind im Internet über http://dnb.d-nb.de abrufbar.

Planung/Lektorat: Iris Ruhmann
Springer Spektrum ist ein Imprint der eingetragenen Gesellschaft Springer Fachmedien Wies-
baden GmbH und ist ein Teil von Springer Nature.
Die Anschrift der Gesellschaft ist: Abraham-Lincoln-Str. 46, 65189 Wiesbaden, Germany

Was Sie in diesem *essential* finden können

Kurz ausgedrückt, eine Einführung in die wesentlichen Konzepte der Berechenbarkeitstheorie. Dabei geht es vor allem um zwei fundamentale Aspekte. Zum einen steht die mathematische Formalisierung und Präzisierung des Begriffs der Berechenbarkeit im Mittelpunkt. Es gibt mehrere Ansätze, wie URM- und GOTO-Berechenbarkeit sowie Berechenbarkeit mittels partiell-rekursiver Funktionen, um formal Rechenvorschriften zu beschreiben. All diese Ansätze erweisen sich letztlich als gleichwertig, wodurch sich die Church-Turing-These begründet: Jede intuitiv berechenbare Funktion ist partiell-rekursiv.

Zum anderen erfolgt eine Auslotung der Grenzen der Berechenbarkeit. Es gibt Entscheidungsprobleme, also Probleme mit Ja-Nein-Antworten, die algorithmisch nicht lösbar sind. Das prominenteste Beispiel aus der Informatik ist das Halteproblem, das auf einen Entscheidungsalgorithmus abzielt, der die Frage, ob ein Programm mit einer Eingabe hält oder nicht, beantwortet. Um die Nichtexistenz einer Entscheidungsprozedur zu beweisen, muss eine Argumentation über *alle* Rechenvorschriften erfolgen. Die Berechenbarkeitstheorie stellt Methoden und Verfahren zur Verfügung, um derartige Nichtexistenzfragen zu behandeln.

Vorwort

Dieses *essential* handelt von den Grenzen der Algorithmik, der algorithmischen Beschreibung von Problemen. Zentral ist dabei einerseits die Frage nach der Formalisierung des Begriffs der Berechenbarkeit und andererseits die Verortung der Grenzen der Berechenbarkeit.

Jeder hat eine gewisse Vorstellung davon, was intuitiv berechenbar ist. Präzisiert wird dieser Begriff in der Berechenbarkeitstheorie anhand verschiedener Modelle, die teils ganz unterschiedliche Ausprägungen in punkto Abstraktion besitzen und so verschiedenartige Zugänge zur Berechenbarkeitstheorie ermöglichen.

Die Berechenbarkeitstheorie beschäftigt sich mit der Existenz von algorithmischen Problemen, nicht jedoch mit der Effizienz, mit der Lösungen gefunden werden können. Letztere Problematik gehört in den Bereich der Komplexitätstheorie, einem eigenständigen Teilgebiet der theoretischen Informatik. Die Grenzen der Berechenbarkeit lassen sich durch sogenannte unentscheidbare Probleme ausloten – Probleme, die auf algorithmische Weise nicht lösbar sind.

Die ersten Untersuchungen auf dem Gebiet der Berechenbarkeit wurden u.a. von Alonzo Church, Kurt Gödel, Stephen C. Kleene, Rózsa Péter, Emil Post und Alan Turing in den 1930er Jahren durchgeführt. Damit wurde die Berechenbarkeit als ein Zweig der theoretischen Informatik zu einer Zeit etabliert, als es den Begriff Informatik – entstanden aus dem Französischen „informatique" in den frühen 1960ern – noch gar nicht gab. Die fundamentalen Ergebnisse insbesondere von Alonso Church und Alan Turing führten zur allgemein akzeptierten Church-Turing-These, nach der jede intuitiv berechenbare Funktion partiell rekursiv ist.

Die Ergebnisse der Berechenbarkeit tangieren die Grenzen der Informatik, Logik und Mathematik. Die beiden Unvollständigkeitssätze von Kurt Gödel zeigen, dass nicht alle wahren Aussagen über natürliche Zahlen beweisbar sind und dass ein hinreichend reichhaltiges Axiomensystem mitsamt den Umformungsregeln nicht ausreicht, um formal seine Widerspruchsfreiheit zu entscheiden. Gödels unkonventionelle Herangehensweise ließ sich ohne Weiteres auf Rechenverfahren übertragen und bildete den Ausgangspunkt für die Berechenbarkeitstheorie. Erweiterungen seiner Ideen führten Alan Turing zur Unentscheidbarkeit des Halteproblems – der Frage, ob ein Computerprogramm mit beliebiger Eingabe jemals anhalten und eine Ausgabe liefern oder in einer endlosen Schleife stecken bleiben wird.

In diesem *essential* wird aufgezeigt, dass sich der Begriff der Berechenbarkeit mithilfe einfacher abstrakter Berechnungsmodelle etablieren lässt. Darauf aufbauend werden zentrale Konzepte der Berechenbarkeitstheorie sowie fundamentale unentscheidbare Probleme behandelt.

Dieses *essential* entstand aus einer zweistündigen Vorlesung über Berechenbarkeitstheorie, die der Autor für Informatik- und Mathematik-Studierende des zweiten Studienjahres an der Technischen Universität Hamburg in den letzten Jahren gehalten hat. Der Text wurde inmitten der Corona-Pandemie im Homeoffice angefertigt.

Karl-Heinz Zimmermann

Inhaltsverzeichnis

1 **Berechnungsmodelle** 1
   1.1 Unbeschränkte Registermaschine 1
   1.2 Partiell-rekursive Funktionen 7
   1.3 GOTO-Programme 13
   1.4 Berechenbare Funktionen und die Church-Turing-These 17

2 **Zentrale Konzepte** 19
   2.1 Gödelisierung 19
   2.2 Parametrisierung 24
   2.3 Universelle Funktionen 25
   2.4 Normalform von Kleene 26

3 **Unentscheidbare Probleme** 31
   3.1 Unentscheidbare Mengen 31
   3.2 Semi-entscheidbare Mengen 36
   3.3 Rekursionstheorie 39
   3.4 Wortprobleme 42

4 **Historie und Zusammenfassung** 47

A **GOTO-2-Programme** 51

B **Sätze von Rice und Rice-Shapiro** 55

C **Semi-Thue- und Thue-Systeme** 59

Literatur 63

Stichwortverzeichnis 65

Mathematische Notation

Allgemeine Notation

$\mathbb{N}_0$	natürliche Zahlen
$\mathbb{N}$	natürliche Zahlen ohne 0
$\mathbb{Z}$	ganze Zahlen
$\mathbb{Q}$	rationale Zahlen
$\mathbb{R}$	reelle Zahlen
Σ	Alphabet
Σ^*	freies Wortmonoid über Σ
ϵ	leeres Wort
Σ^+	freie Halbgruppe über Σ

Kapitel 1

ω	Zustand einer URM
R_k	k-tes Register einer URM
ω_k	Zustand des k-ten Registers einer URM
Ω	Zustandsmenge einer URM
$E(\Omega)$	Menge der Zustandstransformationen einer URM
γ	Zustandskodierung
γ_k	Exponentenfunktion
dom (f)	Definitionsbereich einer Funktion
ran (f)	Wertebereich einer Funktion
a_k	Inkrementation des k-ten Registers

s_k	Dekrementation des k-ten Registers
$\dot-$	asymmetrische Differenz (Subtraktion)
A_σ	Inkrementation
S_σ	Dekrementation
$P; Q$	Komposition von Programmen
$(P)\sigma$	Iteration eines Programms
$|P|$	Zustandstransformation eines Programms
$f \circ g$	Komposition von Funktionen
$|P|^{*\sigma}$	Iteration eines Programms
f^{*k}	Iteration einer Funktion
$\mathcal{P}_{\mathrm{URM}}$	Klasse der URM-Programme
α_k	Eingabefunktion
β_m	Ausgabefunktion
$\|P\|_{k,m}$	Funktion eines Programms
$f_\uparrow$	leere Funktion
$\uparrow$	undefiniert
$c_0^{(n)}$	n-stellige Nullfunktion
v	Nachfolgerfunktion
$\pi_k^{(n)}$	n-stellige Projektionsfunktion
$h(g_1,...,g_n)$	Komposition von Funktionen
$\mathrm{pr}(g, h)$	primitive Rekursion
a	Ackermannfunktion
$x \uparrow y$	Exponentation
$x \uparrow^2 y$	Tetration
$x \uparrow^n y$	Knuths Superpotenz
μf	Minimalisierung einer Funktion
E_p	Einschrittfunktion
M_P	Mehrschrittfunktion
Z_P	Laufzeitfunktion
R_P	Resultatsfunktion
$(l, x_i \leftarrow x_i + 1, m)$	Inkrementation
$(l, x_i \leftarrow x_i - 1, m)$	Dekrementation
$(l, \text{if } x_i = 0, k, m)$	Sprungbefehl
$V(P)$	Menge von GOTO-Variablen
$L(P)$	Menge von GOTO-Marken

Kapitel 2

σ_2	Cantors Paarungsfunktion
κ_2, τ_2	Koordinatenfunktionen
σ	Kodierungsfunktion
κ, τ	Hilfsfunktionen
lg	Längenfunktion
σ'	Kodierung von SGOTO-Befehlen
ρ	Gödelnummer eines SGOTO-Programms
P_e	SGOTO-Programm mit Gödelnumber e
$\phi_e^{(n)}$	n-stellige berechenbare Funktion mit Index e
$s_{m,n}$	Smn-Funktion
$\psi_{\text{univ}}^{(n)}$	universelle Funktion für n-stellige Funktionen
χ_A	charakteristische Funktion
sgn	Signum-Funktion
$\overline{\text{sgn}}$	Cosignum-Funktion
$\chi_=$	charakteristische Funktion der Gleichheitsrelation
S_n	erweiterte Kleene-Menge
T_n	Kleene-Menge

Kapitel 3

K	unentscheidbare Menge
H	Halteproblem
$D_e^{(n)}$	Definitionsbereich einer partiell-rekursiven Funktion
C	Klasse von monadischen partiell-rekursiven Funktionen
$I(C)$	Indexmenge
σ_n	Kodierungsfunktion
$g \subseteq f$	Ordnungsrelation (Inklusion)
R	Substitutionsmenge
$\rightarrow_R$	Substitution
$\Rightarrow_R$	einschrittige Ableitung
$\Rightarrow_R^*$	mehrschrittige Ableitung (Hülle)
$R^{(s)}$	symmetrische Relation
$[s]$	Äquivalenzklasse
S	Halbgruppe

Berechnungsmodelle

1

Das Ziel dieses Kapitels ist die Präzisierung des Begriffs der berechenbaren Funktion. Unter einer berechenbaren Funktion stelle man sich eine Funktion vor, die durch eine Rechenvorschrift berechnet werden kann. Es werden drei ganz unterschiedliche Modelle der Berechenbarkeitstheorie vorgestellt: die auf unbeschränkten Registermaschine berechenbaren Funktionen, die partiell-rekursiven Funktionen und die durch GOTO-Programme berechenbaren Funktionen. Es wird gezeigt, dass diese Klassen[1] von berechenbaren Funktionen übereinstimmen. Zudem wird kurz auf die Ackermannfunktion eingegangen, die als rekursive Funktion eine Abgrenzung zwischen den partiell-rekursiven und den primitiv-rekursiven Funktionen erlaubt. Abschließend wird die zentrale These der Berechenbarkeitstheorie, die sogenannte Church-Turing-These, erläutern, die den Begriff der berechenbaren Funktionen abstützt.

1.1 Unbeschränkte Registermaschine

Die unbeschränkte Registermaschine (URM) ist ein von John C. Sheperdson und Howard E. Sturgis (1963) eingeführtes mechanisches Modell der Berechenbarkeitstheorie. Eine URM ist eine abstrakte Maschine mit wahlfreiem Zugriff auf die Register und kann als Vorläufer des von-Neumann-Rechners angesehen werden, in welchem jedoch ein gemeinsamer Speicher sowohl Programme als auch Daten enthält. Eine URM besteht aus abzählbar unendlich vielen, einzeln adressierbaren

---

[1]In dieser Arbeit ist manchmal vom Begriff „Klasse" die Rede. Bis ins 19. Jahrhundert wurden die Begriffe „Menge" und „Klasse" synonym verwendet. Mit der Einführung der axiomatischen Mengenlehre (1930) wurden beide Begriffe getrennt. Seither werden „Klassen" restriktiver verwendet, damit nicht die Widersprüche der naiven Mengenlehre auftreten.

© Der/die Herausgeber bzw. der/die Autor(en), exklusiv lizenziert durch Springer Fachmedien Wiesbaden GmbH, ein Teil von Springer Nature 2020
K. Zimmermann, *Berechenbarkeit*, essentials,
https://doi.org/10.1007/978-3-658-31739-3_1

Registern. Sie wird programmiert mithilfe zweier Primitive, Inkrementation und Dekrementation, die vermöge Komposition und Iteration zu größeren Programmen aggregiert werden können.

1.1.1 Zustände und Zustandstransformationen

Die Hardware einer URM besteht aus einer abzählbaren Anzahl separat referenzierbaren Register, benannt mit $R_0, R_1, R_2, \ldots$, die jeweils eine natürliche Zahl speichern können. Enthält das Register R_i die Zahl ω_i, dann lässt sich der Zustand der Register durch eine Folge $(\omega_n)_n = (\omega_0, \omega_1, \omega_2, \ldots)$ oder durch eine Funktion $\omega : \mathbb{N}_0 \to \mathbb{N}_0$ mit $\omega(i) = \omega_i$ beschreiben:

Register	R_0	R_1	R_2	R_3	R_4	R_5	$\ldots$
Zustand	ω_0	ω_1	ω_2	ω_3	ω_4	ω_5	

Auf diese Weise wird die Zustandsmenge einer URM festgelegt durch die Menge

$$\Omega = \{\omega : \mathbb{N}_0 \to \mathbb{N}_0 \mid \omega \text{ is 0 fast überall}\}, \tag{1.1}$$

wobei *fast überall* als Abschwächung von *für alle* bedeutet, dass alle Glieder ω_i von ω, mithin alle Register, bis auf endlich viele Null sind. Dadurch wird reflektiert, dass der Speicher in realen Rechnern beschränkt ist.

Lemma 1.1 *Die Zustandsmenge Ω einer URM ist abzählbar unendlich.*

Beweis. Betrachte die unendliche Folge der Primzahlen

$$(p_0, p_1, p_2, p_3, p_4, \ldots) = (2, 3, 5, 7, 11, \ldots). \tag{1.2}$$

Die Abbildung

$$\gamma : \Omega \to \mathbb{N} : \omega \mapsto \prod_{\substack{i \\ \text{endlich}}} p_i^{\omega_i} \tag{1.3}$$

ist bijektiv, denn jede natürliche Zahl ist nach dem Hauptsatz der Arithmetik eindeutig darstellbar als ein endliches Produkt von Primzahlpotenzen und die Zustände einer URM sind 0 fast überall, was bedeutet, dass die Produkte endlich sind. Beispielsweise gilt:

$$\gamma : (0, 5, 4, 0, 2, 0, \ldots) \mapsto p_0^0 p_1^5 p_2^4 p_3^0 p_4^2 p_5^0 \ldots = 3^5 5^4 11^2.$$

∎

Die Inverse der Zustandskodierung γ ist durch eine Folge $(\gamma_i)_{i \geq 0}$ von Exponentenfunktionen $\gamma_i : \mathbb{N}_0 \to \mathbb{N}_0$ gegeben. Der Wert $\gamma_i(x)$ gibt den Exponenten an, mit welchem die Primzahl p_i in der Zahl x aufgeht. Für die Zahl $360 = 2^3 3^2 5^1$ ergibt sich so $\gamma_0(360) = 3$, $\gamma_1(360) = 2$, $\gamma_2(360) = 1$ und $\gamma_i(360) = 0$ für alle $i \geq 3$.

Als Zustandstransformationen einer URM sind partielle Funktionen zugelassen. Unter einer *partiellen Funktion* ist eine Funktion $f : X \to Y$ zu verstehen, deren Definitionsbereich dom(f) eine echte Teilmenge der Quellmenge X ist. Demgegenüber hat eine *totale Funktion* $f : X \to Y$, also eine Funktion so wie wir sie kennen, den vollen Definitionsbereich dom$(f) = X$. Beispielsweise ist die Quadratwurzelfunktion $f : \mathbb{N}_0 \to \mathbb{N}_0 : n \mapsto \sqrt{n}$ partiell, weil die Definitionsmenge dom$(f) = \{0, 1, 4, 9, 16, \ldots\}$ nur aus den perfekten Quadraten besteht; z. B. ist $f(16) = 4$, aber $f(17) \notin \mathbb{N}_0$ ist undefiniert.

Die Menge aller Zustandstransformationen einer URM ist die Menge

$$E(\Omega) = \{f \mid f : \Omega \to \Omega, \ f \text{ partiell}\}. \tag{1.4}$$

Elementare Zustandstransformationen sind etwa die *Inkrementation* $a_k \in E(\Omega)$ des k-ten Registers:

$$a_k : (\omega_0, \ldots, \omega_{k-1}, \omega_k, \omega_{k+1}, \ldots) \mapsto (\omega_0, \ldots, \omega_{k-1}, \omega_k + 1, \omega_{k+1}, \ldots), \tag{1.5}$$

und die *Dekrementation* $s_k \in E(\Omega)$ des k-ten Registers:

$$s_k : (\omega_0, \ldots, \omega_{k-1}, \omega_k, \omega_{k+1}, \ldots) \mapsto (\omega_0, \ldots, \omega_{k-1}, \omega_k \dot{-} 1, \omega_{k+1}, \ldots), \tag{1.6}$$

wobei die Operation $\dot{-} : \mathbb{N}_0^2 \to \mathbb{N}_0$ die *asymmetrische Differenz* bezeichnet, d. h.,

$$x \dot{-} y = \begin{cases} x - y & \text{if } y \leq x, \\ 0 & \text{sonst.} \end{cases} \tag{1.7}$$

Beispielsweise gilt $5 \dot{-} 3 = 2$ und $5 \dot{-} 7 = 0$.

Lemma 1.2 *Die Menge der Zustandstransformationen $E(\Omega)$ ist überabzählbar.*

Beispielsweise kann zu jeder reellen Zahl a des überabzählbaren Intervalls $[0, 1)$, dargestellt als Binärzahl $a = 0, a_0a_1a_2\ldots$, eine Zustandstransformation f_a angegeben werden, wobei $f_a(\omega) = (a_n \wedge \omega_n)_n$ definiert ist durch $a_n \wedge \omega_n = \omega_n$ falls $a_n = 1$ und $a_n \wedge \omega_n = 0$ falls $a_n = 0$. Jede solche Funktion liegt in $E(\Omega)$ und für verschiedene Zahlen $a, b \in [0, 1)$ sind die Funktionen f_a und f_b verschieden. Etwa ergibt sich für die Binärzahl $a = 0, 011000\ldots$ und den Zustand $\omega = (2, 3, 4, 5, 0, 0, \ldots)$ der Zustand $f_a(\omega) = (0, 3, 4, 0, 0, 0, \ldots)$.

Dieses Resultat wiegt schwer, denn die Menge aller Programme in einer der gängigen Programmiersprachen ist abzählbar – der Nachweis kann ähnlich wie in Lemma 1.1 geführt werden. Hierbei wird ein Programm als ein Wort über einem endlichen Alphabet (Tastaturalphabet) gefasst. Diese Aussage gilt natürlich auch für URM-Programme. Somit gibt es eine riesige Lücke zwischen der Menge aller URM-Programme und der Menge der potentiellen Zustandstransformationen einer URM. In diesem Kontext sei an die *Kontinuumshypothese* von Georg Cantor (1878) erinnert, nach der es keine Menge gibt, deren Mächtigkeit zwischen der Mächtigkeit der natürlichen Zahlen und der Mächtigkeit der reellen Zahlen liegt.

1.1.2 Syntax und Semantik

Der syntaktische Aufbau von URM-Programmen fußt auf der Menge der Dezimalzahlen, die über dem Ziffernalphabet $\Sigma_{10} = \{0, 1, \ldots, 9\}$ durch den regulären Ausdruck $Z = (\Sigma_{10} \setminus \{0\})\Sigma_{10}^+ \cup \Sigma_{10}$ definiert sind. Dieser Ausdruck beschreibt alle Dezimalzahlen ohne führende Nullen, wie etwa 101 und 0, aber nicht 0101 oder 001.

URM-Programme sind aus syntaktischer Sicht Wörter über dem Alphabet

$$\Sigma_{URM} = \{A, S, (,), ; \} \cup Z$$

und werden induktiv definiert:

- Für jedes $\sigma \in Z$ sind $A\sigma$ und $S\sigma$ URM-Programme.
- Sind P und Q URM-Programme und $\sigma \in Z$, dann sind auch $P; Q$ und $(P)\sigma$ URM-Programme.

Wohlgeformte URM-Programme sind etwa $A1$, $S2$, $(A1)1$, $(S1; S2)2$, $A1; (A1)1$ und $(A1; S2)2$. Die Menge aller URM-Programme wird im Folgenden mit $\mathcal{P}_{URM}$ bezeichnet.

Die Semantik von URM-Programmen wird durch eine Abbildung $|\cdot| : \mathcal{P}_{\text{URM}} \to E(\Omega)$ beschrieben, die jedem URM-Programm eine Zustandstransformation der URM zuordnet. Die Semantik ist induktiv definiert:

- Für jedes $\sigma \in Z$ ist $|A\sigma| = a_\sigma$ die Inkrementation des Registers R_σ und $|S\sigma| = s_\sigma$ die Dekrementation des Registers R_σ.
- Sind P und Q URM-Programme, dann ist $|P; Q| = |Q| \circ |P|$ die Komposition oder Verkettung der Funktionen $|P|$ und $|Q|$, wobei $(|Q| \circ |P|)(\omega) = |Q|(|P|(\omega))$ mit innerer Funktion $|P|$ und äußerer Funktion $|Q|$.
- Ist P ein URM-Programm und $\sigma \in Z$, dann ist $|(P)\sigma| = |P|^{*\sigma}$ die Iteration der Funktion $|P|$ bzgl. des Registers R_σ.

Dabei sei erwähnt, dass die Komposition von Funktionen assoziativ ist, d. h. für alle $f, g, h \in E(\Omega)$ gilt: $f \circ (g \circ h) = (f \circ g) \circ h$.

Die Iteration einer Funktion $f \in E(\Omega)$ wird über die *Potenzen* von f definiert:

$$f^0 = \text{id}_\Omega \quad \text{und} \quad f^{n+1} = f \circ f^n, \ n \in \mathbb{N}_0, \tag{1.8}$$

wobei id_Ω die identische Abbildung bezeichnet. Insbesondere gilt $f^1 = f \circ \text{id}_\Omega = f$. Die Iteration von $f \in E(\Omega)$ bei gegebenem Anfangszustand $\omega \in \Omega$ ergibt eine Folge von Zuständen:

$$\omega, \ f(\omega), \ f^2(\omega), \ f^3(\omega), \dots. \tag{1.9}$$

Diese Folge bricht ab, wenn ein Glied $f^j(\omega)$ undefiniert ist – im Falle einer totalen Funktion f ist der Ausdruck $f^j(\omega)$ stets definiert und die Folge bricht nicht ab.

Der Ausdruck $f^{*\sigma}(\omega)$ liefert entweder einen Zustand $f^j(\omega)$, in dem das Register R_σ erstmalig Null wird (insbesondere ist j minimal mit dieser Eigenschaft), oder undefiniert (in Zeichen $\uparrow$). Undefiniert wird angenommen, wenn die Folge (1.9) ad infinitum weiterläuft ohne dass R_σ jemals Null wird oder wenn die Folge (1.9) abbricht bevor R_σ Null werden kann. Es ist klar, dass die *Iteration* $f^{*\sigma} \in E(\Omega)$ einen unbeschränkten Suchprozess darstellt.

Wird etwa die Inkrementfunktion $f = a_k$ bzgl. des k-ten Registers iteriert, dann ergibt sich die partielle Funktion

$$f^{*k}(\omega) = \begin{cases} \omega & \text{falls } \omega_k = 0, \\ \uparrow & \text{sonst.} \end{cases} \tag{1.10}$$

Denn im Falle $\omega_k = 0$ bricht die Iteration sofort ab, während sie im Falle $\omega_k > 0$ ad infinitum weiterläuft.

1.1.3 URM-berechenbare Funktionen

Eine partielle Funktion $f \in E(\Omega)$ heißt *URM-berechenbar*, wenn es ein URM-Programm P gibt, so dass $|P| = f$ gilt. Wir interessieren uns jedoch für Funktionen der Form $f : \mathbb{N}_0^k \to \mathbb{N}_0^m$. Um derartige Funktionen durch URM-Programme berechnen zu können, definieren wir die Eingabefunktion

$$\alpha_k : \mathbb{N}_0^k \to \Omega : (x_1, \ldots, x_k) \mapsto (0, x_1, \ldots, x_k, 0, 0, \ldots), \qquad (1.11)$$

welche die Argumente einer Funktion in die Register lädt, und die Ausgabefunktion

$$\beta_m : \Omega \to \mathbb{N}_0^m : (\omega_0, \omega_1, \omega_2, \ldots,) \mapsto (\omega_1, \omega_2, \ldots, \omega_m), \qquad (1.12)$$

welche das Ergebnis der Berechnung aus den Registern ausliest. Eine Funktion $f : \mathbb{N}_0^k \to \mathbb{N}_0^m$ heißt dann *URM-berechenbar*, wenn es ein URM-Programm P gibt mit der Eigenschaft

$$f = \|P\|_{k,m} = \beta_m \circ |P| \circ \alpha_k. \qquad (1.13)$$

Beispielsweise ist die Addition zweier natürlicher Zahlen $f_+ : \mathbb{N}_0^2 \to \mathbb{N}_0 : (x, y) \mapsto x + y$ URM-berechenbar. Hierzu betrachten wir das URM-Programm $P_+ = (A1; S2)2$, welches folgenden Ablauf besitzt:

R_0	R_1	R_2	R_3	...	Register
0	x	y	0	...	Initialisierung
0	$x+1$	y	0	...	$A1$
0	$x+1$	$y-1$	0	...	$S2$
0	$x+2$	$y-1$	0	...	$A1$
0	$x+2$	$y-2$	0	...	$S2$
...					
0	$x+y-1$	1	0	...	$S2$
0	$x+y$	1	0	...	$A1$
0	$x+y$	0	0	...	$S2$

Also bildet die zugehörige Zustandstransformation $|P_+|$: $\Omega \to \Omega$ den Zustand $(\omega_0, \omega_1, \omega_2, \omega_3, \ldots)$ auf den Zustand $(\omega_0, \omega_1 + \omega_2, 0, \omega_3, \ldots)$ ab. Daher gilt:

$$\| P_+ \|_{2,1}(x, y) = (\beta_1 \circ |P_+| \circ \alpha_2)(x, y) = (\beta_1 \circ |P_+|)(0, x, y, 0, 0, \ldots)$$
$$= \beta_1(0, x + y, 0, 0, \ldots) = x + y.$$

Das Beispiel der Addition lässt erahnen, dass alle geläufigen mathematischen Funktionen durch URM-Programme beschrieben werden können. In diesem Kontext sei noch auf zwei weitere URM-Programme hingewiesen: Das Programm $P = (A1)1$ berechnet nach (1.10) die Funktion $f = \|P\|_{1,1}$ mit $f(0) = 0$ und $f(x) = \uparrow$ für alle $x \geq 1$, und das Programm $Q = A1; (A1)1$ ist die nirgends definierte Funktion $f_\uparrow = \|Q\|_{1,1}$, genannt *leere Funktion,* mit $f_\uparrow(x) = \uparrow$ für alle $x \in \mathbb{N}_0$.

1.2 Partiell-rekursive Funktionen

Die partiell-rekursiven Funktionen stellen ein abstraktes Modell der Berechenbarkeit dar. Als Vorbereitung zu ihrer Einführung werden wir kurz auf die primitivrekursiven Funktionen eingehen und die namhafte Ackermannfunktion besprechen.

1.2.1 Primitiv-rekursive Funktionen

Zu den primitiv-rekursiven Funktionen gelangt man durch Analyse der in der Mathematik verwendeten grundlegenden Funktionen. Wir betrachten dabei nur Funktionen mit beliebigen natürlichen Zahlen als Argumenten und Werten.

Zunächst werden eine Reihe von *Basisfunktionen* festgelegt:

- Die Schar der Nullfunktionen $c_0^{(n)}$: $\mathbb{N}_0^n \to \mathbb{N}_0$: $(x_1, \ldots, x_n) \mapsto 0$ für $n \geq 0$; die nullstellige Nullfunktion $c_0^{(0)}$ wird als Konstante 0 angesehen,
- die Nachfolgerfunktion $\nu : \mathbb{N}_0 \to \mathbb{N}_0 : x \mapsto x + 1$ und
- die Schar der Projektionsfunktionen $\pi_k^{(n)}$: $\mathbb{N}_0^n \to \mathbb{N}_0$: $(x_1, \ldots, x_n) \mapsto x_k$ für $n \geq 1$ und $1 \leq k \leq n$.

Weitere Funktionen lassen sich mithilfe der wohlbekannten Verfahren der Einsetzung und induktiven Definition gewinnen:

- Seien $g_1, \ldots, g_m : \mathbb{N}_0^n \to \mathbb{N}_0$ und $h : \mathbb{N}_0^m \to \mathbb{N}_0^k$ Funktionen. Die Funktion $f = h(g_1, \ldots, g_m) : \mathbb{N}_0^n \to \mathbb{N}_0^k$ mit

$$f(x) = h(g_1(x), \ldots, g_m(x)) \tag{1.14}$$

für alle $x \in \mathbb{N}_0^n$ entsteht aus h durch *Einsetzung* von $g_1, \ldots, g_m$. Sind insbesondere $g_1, \ldots, g_m$ und h totale Funktion, dann ist f ebenfalls total. Im Spezialfall $m = 1$ erhalten wir die übliche Komposition zweier Funktionen: $h \circ g = h(g)$ mit $g = g_1$.
Beispielsweise gilt für die Funktionen $g_1 = \pi_1^{(n)}$, $g_2 = \pi_2^{(n)}$ mit $n \geq 2$ und $h = +$ (binäre Addition): $f = h(g_1(x), g_2(x)) = h(x_1, x_2) = x_1 + x_2$ für alle $x \in \mathbb{N}_0^n$.

- Seien $g : \mathbb{N}_0^n \to \mathbb{N}_0$ und $h : \mathbb{N}_0^{n+2} \to \mathbb{N}_0$ Funktionen. Die Funktion $f = \text{pr}(g, h) : \mathbb{N}_0^{n+1} \to \mathbb{N}_0$ mit

$$f(x, 0) = g(x) \quad \text{und} \quad f(x, y + 1) = h(x, y, f(x, y)) \tag{1.15}$$

für alle $x \in \mathbb{N}_0^n$ und $y \in \mathbb{N}_0$ entsteht aus g und h durch *primitive Rekursion*. Die Wohldefiniertheit und Eindeutigkeit der Funktion f kann mit dem Fundamental-Lemma von Richard Dedekind (1888) gezeigt werden. Sind insbesondere g und h totale Funktionen, dann ist auch f total.
Beispielsweise lässt sich die Addition zweier natürlicher Zahlen durch primitive Rekursion $f = \text{pr}(g, h)$ mit den Funktionen $g = \pi_1^{(1)}$ (identische Abbildung) und $h = \nu \circ \pi_3^{(3)}$ festlegen, denn es gilt $f(x, 0) = g(x) = x$ und

$$f(x, y + 1) = h(x, y, f(x, y)) = (\nu \circ \pi_3^{(3)})(x, y, f(x, y)) = \nu(f(x, y))$$
$$= f(x, y) + 1.$$

Die primitiv-rekursiven Funktionen werden durch das obige *Fünf-Schema* definiert. Eine Funktion heißt *primitiv-rekursiv*, wenn sie eine Basisfunktion ist oder aus den Basisfunktionen durch endliche Anwendung anhand von Einsetzung und primitiver Rekursion gewonnen werden kann. Aus den obigen Überlegungen folgt unmittelbar, dass alle primitiv-rekursiven Funktionen total sind.

Die primitiv-rekursiven Funktionen können anhand von Schleifenprogrammen in der Sprache LOOP berechnet werden. Diese Sprache geht auf Albert R. Meyer und Dennis M. Ritchie (1967) zurück. *LOOP-Programme* entsprechen im Wesentlichen den URM-Programmen – jedoch mit der Einschränkung, dass bei der Iteration $(P)\sigma$ auf das Register R_σ im Programm P nicht Bezug genommen werden darf, wodurch alle Iterationen durch `for`-Schleifen darstellbar sind, von denen bei Aufruf klar ist, wie oft sie ausgeführt werden. Es gilt sogar, dass die durch LOOP-Programme berechenbaren Funktionen genau die primitiv-rekursiven Funktionen sind. Die Klasse der primitiv-rekursiven Funktionen besitzt also ein eigenständiges Programmiermodell.

1.2.2 Die Ackermannfunktion

Die bekannten Funktionen der mathematischen Praxis wie Addition, Multiplikation und Exponentation mit Argumenten und Werten aus den natürlichen Zahlen sind primitiv-rekursiv. David Hilbert (1926) hatte die Vermutung aufgestellt, dass alle berechenbaren Funktionen primitiv-rekursiv sind. Dies wurde von Wilhelm Ackermann (1928) anhand eines Beispiels widerlegt.

Die *Ackermannfunktion* ist in der Version von Rózsa Péter (1935) eine dyadische Funktion $a : \mathbb{N}_0^2 \to \mathbb{N}_0$, definiert für alle $m, n \in \mathbb{N}_0$ durch

$$a(0, n) = n + 1, \tag{1.16}$$
$$a(m + 1, 0) = a(m, 1), \tag{1.17}$$
$$a(m + 1, n + 1) = a(m, a(m + 1, n)). \tag{1.18}$$

Beispielsweise gilt: $a(1, 2) = a(0, a(1, 1)) = a(0, a(0, a(1, 0))) = a(0, a(0, a(0, 1))) = a(0, a(0, 2)) = a(0, 3) = 4$.

Bei der Evaluation eines Ausdrucks $a(m, n)$ gibt es nach (1.16–1.18) in jedem Schritt genau einen Ausdruck $a(m', n')$, der als nächster ausgewertet wird. Hierbei ist zu beachten, dass (m, n) lexikographisch größer als (m', n') ist, genauer $(m + 1, 0) \succ_{\text{lex}} (m, 1)$ und $(m + 1, n + 1) \succ_{\text{lex}} (m + 1, n)$. Auf diese Weise entsteht bei der Rechnung eine bezüglich der lexikographischen Ordnung echt absteigende Kette von Paaren. Im obigen Beispiel gilt: $(1, 2) \succ_{\text{lex}} (1, 1) \succ_{\text{lex}} (1, 0) \succ_{\text{lex}} (0, 1)$. Die lexikographische Ordnung auf $\mathbb{N}_0^2$ ist fundiert, d. h. es gibt keine unendlichen absteigenden Ketten, wodurch jede Ableitung terminiert. Damit ist die Ackermannfunktion wohldefiniert.

Satz 1.3 *Die Ackermannfunktion ist nicht primitiv-rekursiv.*

Beweis. Zu jeder primitiv-rekursiven Funktion $f : \mathbb{N}_0^n \to \mathbb{N}_0$ gibt es eine Konstante $c \geq 0$, so dass für alle $x_1, \ldots, x_n \in \mathbb{N}_0$ gilt:

$$f(x_1, \ldots, x_n) < a(c, x_1 + \ldots + x_n). \tag{1.19}$$

Im Falle $n = 0$ soll die Ungleichung $f \leq a(c, 0)$ bedeuten. Diese Eigenschaft kann durch Induktion über den Aufbau der primitiv-rekursiven Funktion gezeigt werden.

Angenommen, die Ackermannfunktion wäre primitiv-rekursiv. Dann ist auch die monadische Funktion $f(x) = a(x, x)$ primitiv-rekursiv. Somit gibt es eine Konstante c, so dass für alle $x \in \mathbb{N}_0$ gilt: $f(x) < a(c, x)$. Dies gilt insbesondere für den Fall $x = c$. Damit folgt widersprüchlicherweise: $f(c) < a(c, c) = f(c)$. ∎

Im Beweis wird ein *Diagonalverfahren* benutzt, weil die Werte der Funktion $a(m, n)$ auf der Diagonalen $c = m = n$ verwendet werden. Derartige Verfahren haben Tradition bei Unmöglichkeitsbeweisen – siehe etwa den Beweis der Nichtabzählbarkeit der reellen Zahlen anhand Cantors Diagonalverfahren (1885). Die Gl. (1.19) zeigt, dass die Ackermannfunktion schneller wächst als jede primitiv-rekursive Funktion. Hingegen sind die primitiv-rekursiven Funktionen durch beschränkte Suchprozesse berechenbar, was aus der speziellen Form der Iteration in LOOP-Programmen ersichtlich ist. Die Ackermannfunktion erweist sich als partiell-rekursiv, wie die Überlegungen in Sektion 1.4 zeigen werden.

Mit der Ackermannfunktion lassen sich durch Festhalten des ersten Arguments $a_m(n) = a(m, n)$ wohlbekannte monadische Funktionen erhalten:

- Nachfolgerfunktion: $a_0(n) = n + 1 = \nu(n + 3) - 3$.
- Addition: $a_1(n) = n + 2 = f_{\text{add}}(2, n + 3) - 3$,
- Multiplikation: $a_2(n) = 2n + 3 = f_{\text{mult}}(2, n + 3) - 3$,
- Exponentiation: $a_3(n) = 2 \uparrow (n + 3) - 3 = 2^{n+3} - 3 = f_{\text{exp}}(2, n + 3) - 3$,
- Tetration: $a_4(n) = 2 \uparrow^2 (n + 3) - 3 = \underbrace{2^{2^{\cdot^{\cdot^2}}}}_{n+3} - 3 = f_{\text{tet}}(2, n + 3) - 3$.

Ganz allgemein lässt sich aufbauend auf der Exponentiation $x \uparrow n = x \uparrow^1 n = x^n$ die Ackermannfunktion durch einen Potenzturm in der Pfeilschreibweise von Donald E. Knuth (1976) beschreiben:

$$a(m, n) = 2 \uparrow^{m-2} (n + 3) - 3, \quad m \geq 3, \ n \geq 0.$$

Dabei ist die Mehrfach-Pfeiloperation induktiv wie folgt für alle natürlichen Zahlen x, y, k mit $k \geq 2$ definiert:

$$x \uparrow^k y = x \underbrace{\uparrow \uparrow \ldots \uparrow}_{k} y = x \underbrace{\uparrow \ldots \uparrow}_{k-1} x \underbrace{\uparrow \ldots \uparrow}_{k-1} x \ldots \underbrace{\uparrow \ldots \uparrow}_{k-1} x.$$

$$\underbrace{\qquad\qquad\qquad\qquad\qquad\qquad\qquad}_{x \text{ kommt } y\text{-mal vor}}$$

Der Pfeiloperator ist rechtsassoziativ, wird also stets von rechts nach links ausgewertet. Beispielsweise bezeichnet $2 \uparrow 3 \uparrow 2$ die Zahl $2^{(3^2)} = 2^9$, aber nicht $(2^3)^2 = 8^2$.

Mit dieser Schreibweise lassen sich sehr große Zahlen übersichtlich repräsentieren. Betrachte etwa die Tetration $3 \uparrow^2 3 = 3 \uparrow (3 \uparrow 3) = 3 \uparrow 27 = 7\,625\,597\,484\,987$ und darauf aufbauend die Pentation $3 \uparrow^3 3 = 3 \uparrow^2 (3 \uparrow^2 3) = 3 \uparrow^2 7\,625\,597\,484\,987$. Letztere Zahl wird *Tritri* genannt und ist ein Potenzturm mit $7\,625\,597\,484\,987$ Dreien.

Die Ackermannfunktion wird heute unter anderem bei Benchmarktests für rekursive Aufrufe in Programmiersprachen eingesetzt. Beispielsweise kann nach Yngve Sundblad (1971) die Funktion $a_3(n)$ dazu verwendet werden, um die Optimierung von Compilern hinsichtlich rekursiver Aufrufe zu bewerten. Hierbei wird getestet, bis zu welcher Zahl n der Compiler solche Aufrufe zulässt. Beispielsweise erreicht meine `Maple`™-Installation mit den Standardeinstellungen den Wert $n = 8$, wohingegen die Auswertung gemäß direkter Exponentiation $a_3(n) = 2^{n+3} - 3$ für weitaus größere Zahlen n möglich ist.

1.2.3 Partiell-rekursive Funktionen

Der letzte Abschnitt hat gezeigt, dass die Prozesse der Einsetzung und primitiven Rekursion nicht ausreichend sind, um alle berechenbaren Funktionen zu beschreiben. Als weitere Operation wird die Minimalisierung hinzugefügt.

* Sei $f : \mathbb{N}^{n+1} \to \mathbb{N}_0$ eine Funktion. Die Funktion $\mu f : \mathbb{N}_0^n \to \mathbb{N}_0$ mit

$$\mu f(x) = \begin{cases} y & \text{falls } f(x, y) = 0 \text{ und } f(x, i) \neq 0 \text{ definiert für alle } 0 \le i < y, \\ \uparrow & \text{sonst,} \end{cases} \quad (1.20)$$

für alle $x \in \mathbb{N}_0^n$ entsteht aus der Funktion f durch *Minimalisierung*. Der Ausdruck $\mu f(x)$ liefert also den kleinsten Wert y, für den $f(x, y) = 0$ ist; andernfalls ist $\mu f(x)$ undefiniert. Die Minimalisierung beschreibt einen unbeschränkten Suchprozess, in welchem die kleinste Zahl $y \ge 0$ mit $f(x, y) = 0$ gesucht wird und dabei alle Werte $f(x, i)$ mit $0 \le i \le y$ definiert sein müssen. Im Folgenden wird auch die etwas einprägsamere Kleene-Notation verwendet:

$$\mu y[f(x, y) = 0] = \mu f(x), \quad x \in \mathbb{N}_0^n. \quad (1.21)$$

Beachte, dass die Minimierung μf partiell sein kann, obgleich die Ausgangsfunktion f total ist. Beispielsweise ist die Funktion $f(x, y) = (x + y) \dot{-} 3$ total, aber die Funktion μf ist partiell mit dom $(\mu f) = \{0, 1, 2, 3\}$ und $\mu f(0) = \mu f(1) = \mu f(2) = \mu f(3) = 0$. Umgekehrt kann die Minimalisierung μf total sein, auch wenn die Funktion f partiell ist. Etwa ist die der asymmetrischen Differenz ähnelnde Funktion

$$f(x, y) = \begin{cases} x - y \text{ falls } y \leq x, \\ \uparrow \quad \text{ sonst,} \end{cases}$$

partiell, aber ihre Minimierung μf ist total mit $\mu f(x) = x$ für alle $x \in \mathbb{N}_0$.

Die partiell-rekursiven Funktionen werden ähnlich wie die primitiv-rekursiven Funktionen eingeführt. Eine Funktion heißt *partiell-rekursiv,* wenn sie eine Basisfunktion ist oder aus den Basisfunktionen durch endliche Anwendung anhand von Einsetzung, primitiver Rekursion und Minimalisierung gewonnen werden kann. Die primitiv-rekursiven Funktionen bilden also eine Teilklasse der Klasse der partiellrekursiven Funktionen – diese Teilklasse ist echt, da die Ackermannfunktion partiellrekursiv, aber nicht primitiv-rekursiv ist.

Die totalen partiell-rekursiven Funktionen werden auch *rekursiv* genannt. Beispielsweise ist die Ackermannfunktion rekursiv, denn sie ist total und lässt sich in der Tat durch Minimalisierung einer primitiv-rekursiven Funktion beschreiben.

Satz 1.4   *Jede partiell-rekursive Funktion ist URM-berechenbar.*

Der Beweis erfolgt über den induktiven Aufbau der partiell-rekursiven Funktionen. Zu jeder Basisfunktion kann leicht ein entsprechendes URM-Programm angegeben werden. Im Falle der Einsetzung $f = h(g_1, \ldots, g_m)$ wird angenommen, dass die Funktionen $g_1, \ldots, g_m$ und h bereits URM-berechenbar sind, woraus dann ein URM-Programm für die Funktion f konstruiert werden kann. Ähnlich wird bei primitiver Rekursion $f = \text{pr}(g, h)$ und Minimalisierung μf verfahren.

Abschließend sei angemerkt, dass das durch Iteration gegebene URM-Programm $(P)\sigma$ leicht durch eine partiell-rekursive Funktion dargestellt werden kann. Betrachte hierzu etwa das URM-Programm für die Addition zweier Zahlen $P_+ = (A1; S2)2$ und die zum Unterprogramm $Q = A1; S2$ gehörende Funktion $g : \mathbb{N}_0^2 \to \mathbb{N}_0^2 :$ $(x_1, x_2) \mapsto (x_1 + 1, x_2 \dot{-} 1)$. Für die Potenzfunktion $f : \mathbb{N}_0^3 \to \mathbb{N}_0^2 : (x_1, x_2, n) \mapsto g^n(x_1, x_2)$ ergibt sich dann durch Minimalisierung

$$t = \mu n \left[\pi_2^{(2)} \left(f(x_1, x_2, n) \right) = 0 \right]$$

und hieraus als Ergebnis wie gewünscht: $g^t(x_1, x_2) = (x_1 + x_2, 0)$.

1.3   GOTO-Programme

Die Programmiersprache GOTO liefert ein weiteres Modell der Berechenbarkeit. GOTO-Programme erinnern stark an die Anfänge der Programmierung, insbesondere an die imperative Programmiersprache BASIC, welche vor allem zu Lehrzwecken in den 1960er Jahren eingeführt wurde.

1.3.1   Syntax und Semantik

Syntaktisch werden ausgehend von einer abzählbar unendlichen Menge von Variablen $V = \{x_\sigma \mid \sigma \in \mathbb{N}\}$ drei Typen von GOTO-Instruktionen definiert:

- Inkrementation:

$$(l, x_\sigma \leftarrow x_\sigma + 1, m), \quad l, m \in \mathbb{N}_0, \ x_\sigma \in V, \tag{1.22}$$

  wobei l die Marke des Befehls ist und nach der Inkrementation zum Befehl mit der Marke m gesprungen wird.
- Dekrementation:

$$(l, x_\sigma \leftarrow x_\sigma - 1, m), \quad l, m \in \mathbb{N}_0, \ x_\sigma \in V, \tag{1.23}$$

  wobei l die Marke der Instruktion ist und nach der Dekrementation zum Befehl mit der Marke m verzweigt wird.
- Verzweigung:

$$(l, \texttt{if } x_\sigma = 0, k, m), \quad k, l, m \in \mathbb{N}_0, \ x_\sigma \in V, \tag{1.24}$$

wobei l die Marke des Befehls ist und zur Marke k gesprungen wird, falls $x_\sigma = 0$; ansonsten geht es mit dem Befehl mit der Marke m weiter.

Ein *GOTO-Programm* ist eine endliche Folge von GOTO-Instruktionen $P = s_0; s_1; \ldots; s_m$ dergestalt, dass es genau eine Instruktion s_i mit der Marke 0 gibt und verschiedene Instruktionen unterschiedliche Marken tragen. Dadurch wird sichergestellt, dass ein Programm mit dem Befehl, welcher die Marke 0 besitzt, gestartet werden kann, und jede Berechnung anhand der eindeutigen Markenzuordnung der Befehle deterministisch abläuft. Im Folgenden sei $V(P)$ die Menge aller im Programm P auftretenden Variablen und $L(P)$ die Menge der Befehlsmarken in P.

Ein GOTO-Programm $P = s_0; s_1; \ldots; s_m$ heißt *standardisiert*, kurz *SGOTO-Programm*, wenn die l-te Instruktion s_l die Marke l besitzt, $0 \leq l \leq m$. Es ist klar, dass sich zu jedem GOTO-Programm ein entsprechendes SGOTO-Programm konstruieren lässt.

Ein SGOTO-Programm für die Addition zweier natürlicher Zahlen ist etwa $P_+ = s_0; s_1; s_2$, wobei

$$s_0 = (0, \texttt{if } x_2 = 0, 3, 1)$$
$$s_1 = (1, x_1 \leftarrow x_1 + 1, 2) \qquad\qquad (1.25)$$
$$s_2 = (2, x_2 \leftarrow x_2 - 1, 0).$$

Es gilt: $V(P_+) = \{x_1, x_2\}$ und $L(P_+) = \{0, 1, 2\}$.

Über die Semantik von GOTO-Programmen haben wir bereits bei der syntaktischen Festlegung der GOTO-Befehle einiges verraten. Zudem stellen wir uns vor, dass die Variable x_σ mit $\sigma \geq 1$ im Register R_σ einer URM gespeichert wird. Ferner wird das Register R_0 als *Befehlszähler* verwendet und enthält dabei – wie üblich – die Marke des gerade auszuführenden Befehls. Wenn ein GOTO-Programm P gestartet wird, wird der Befehlszähler auf 0 gesetzt, wodurch der Befehl mit der Marke 0 als Erster bearbeitet wird. Ein GOTO-Programm terminiert, wenn der Befehlszähler eine Marke enthält, die keine Befehlsmarke darstellt – im Falle des Additionsprogramms P_+ ist dies die Marke 3.

1.3.2 GOTO-berechenbare Funktionen

Der Begriff der GOTO-berechenbaren Funktion wird im folgenden Beweis schrittweise entwickelt. Hierbei wird die Ausführung eines GOTO-Programms durch eine partiell-rekursive Funktion in aller Ausführlichkeit nachgeahmt.

Satz 1.5 *Jede GOTO-berechenbare Funktion ist partiell-rekursiv.*

Beweis. Die Berechnung eines GOTO-Programms $P = s_0; s_1; \ldots; s_m$ mit der Variablenmenge $V(P) = \{x_1, \ldots, x_n\}$ kann anhand einer partiell-rekursiven Funktion imitiert werden. Hierzu wird die Programmberechnung zu jedem Zeitpunkt mithilfe einer *Konfiguration* $z = (z_0, z_1, \ldots, z_n) \in \mathbb{N}_0^{n+1}$ festgehalten, wobei z_0 den Inhalt des Befehlszählers angibt und $z_1, \ldots, z_n$ die Belegung der verwendeten Variablen $x_1, \ldots, x_n$ repräsentiert.

Der Übergang von einer Konfiguration $z = (z_0, \ldots, z_n)$ zur nächsten wird durch die Anwendung des GOTO-Befehls mit der Marke z_0 beschrieben. Auf diese Weise wird die Einschrittfunktion $E_P : \mathbb{N}_0^{n+1} \to \mathbb{N}_0^{n+1}$ definiert, wobei $E_P(z) = z'$ die Folgekonfiguration von z darstellt und $E_P(z) = z$ gesetzt wird, falls es aufgrund der Terminierung keine Folgekonfiguration gibt. Es kann gezeigt werden, dass die Funktion E_P primitiv-rekursiv ist. Beispielsweise ergibt sich für das Additionsprogramm (1.25) mit den Anfangswerten $x_1 = 3$ und $x_2 = 2$ die folgende Sequenz von Konfigurationen:

$$
\begin{array}{lllll}
z_0 = (0, 3, 2) & 0 & \texttt{if } x_2 = 0 & 3 & 1 \\
z_1 = (1, 3, 2) & 1 & x_1 \leftarrow x_1 + 1 & 2 & \\
z_2 = (2, 4, 2) & 2 & x_2 \leftarrow x_2 - 1 & 0 & \\
z_3 = (0, 4, 1) & 0 & \texttt{if } x_2 = 0 & 3 & 1 \\
z_4 = (1, 4, 1) & 1 & x_1 \leftarrow x_1 + 1 & 2 & \\
z_5 = (2, 5, 1) & 2 & x_2 \leftarrow x_2 - 1 & 0 & \\
z_6 = (0, 5, 0) & 0 & \texttt{if } x_2 = 0 & 3 & 1 \\
z_7 = (3, 5, 0) & & & &
\end{array}
\tag{1.26}
$$

Darauf aufbauend wird die Mehrschrittfunktion $M_P : \mathbb{N}_0^{n+2} \to \mathbb{N}_0^{n+1} : (z, t) \mapsto E_P^t(z)$ definiert, welche jeder Konfiguration $z \in \mathbb{N}_0^{n+1}$ und jeder Zahl $t \in \mathbb{N}_0$ die nach t Schritten erreichte Konfiguration $M_P(z, t) = \underbrace{(E_P \circ \ldots \circ E_P)}_{t \text{ mal}}(z)$ zuordnet. Die Funktion M_P ist als Komposition von Einschrittfunktionen ebenfalls primitiv-rekursiv.

Jetzt kann die Laufzeitfunktion $Z_P : \mathbb{N}_0^{n+1} \to \mathbb{N}_0$ eingeführt werden, wobei

$$
Z_P(z) = \mu t \left[\left(\pi_1^{(n+1)} \circ E_P^t \right)(z) \notin L(P) \right].
$$

Dies ist der minimale Zeitpunkt t, nach dem erstmalig eine Nichtbefehlsmarke erreicht wird, mithin die Berechnung terminiert; andernfalls gilt $Z_P(z) = \uparrow$. Diese Funktion wird durch einen unbeschränkten Suchprozess beschrieben und ist aufgrund der Endlichkeit von $L(P)$ partiell-rekursiv (siehe (3.1)). Beispielsweise ergibt sich bei der Rechnung (1.26) sofort $M_{P_+}((0, 3, 2), 7) = E_{P_+}^7(0, 3, 2) = (3, 5, 0)$ und somit $Z_{P_+}(0, 3, 2) = 7$.

Damit gelangen wir zur Resultatsfunktion $R_P : \mathbb{N}_0^{n+1} \to \mathbb{N}_0^{n+1}$, definiert durch

$$
R_P(z) = M_P(z, Z_P(z)), \quad z \in \mathbb{N}_0^{n+1},
\tag{1.27}
$$

die im Falle $z \in \mathrm{dom}\,(Z_P)$ mit $Z_P(z) = t$ die Endkonfiguration $M_P(z, t)$ der Berechnung liefert. Diese Funktion ist als Komposition partiell-rekursiver Funktionen ebenfalls partiell-rekursiv. Beispielsweise folgt mit der Rechnung (1.26) unmittelbar $R_{P_+}(0, 3, 2) = (3, 5, 0)$.

Auf diese Weise kann jedem GOTO-Programm P und jeder Zahl k mit $0 \leq k \leq n$ die *GOTO-berechenbare Funktion*

$$
\|P\|_{k,1} = \beta_1 \circ R_P \circ \alpha_k : \mathbb{N}_0^k \to \mathbb{N}_0
\tag{1.28}
$$

zugeordnet werden, die als Komposition von partiell-rekursiven Funktion ebenfalls partiell-rekursiv ist. Dabei ist $\alpha_k : \mathbb{N}_0^k \to \mathbb{N}_0^{n+1} : (x_1, \ldots, x_k) \mapsto (0, x_1, \ldots, x_k, 0, \ldots, 0)$ die Eingabefunktion und $\beta_1 : \mathbb{N}_0^{n+1} \to \mathbb{N}_0 : (x_0, x_1, \ldots, x_n) \mapsto x_1$ die Ausgabefunktion.

Beispielsweise erkennen wir aus der Rechnung (1.26) sofort: $\|P_+\|_{2,1}(3,2) = (\beta_1 \circ R_{P_+} \circ \alpha_2)(3,2) = (\beta_1 \circ R_{P_+})(0,3,2) = \beta_1(3,5,0) = 5$. ∎

Satz 1.6   *Jede URM-berechenbare Funktion ist GOTO-berechenbar.*

Beweis. Wir zeigen, dass sich jedem URM-Programm P ein semantisch äquivalentes GOTO-Programm $\phi(P)$ zuordnen lässt, d. h.

$$\|P\|_{k,1} = \|\phi(P)\|_{k,1}, \quad k \in \mathbb{N}_0. \tag{1.29}$$

Ohne Einschränkung der Allgemeinheit kann angenommen werden, dass das Programm P das Register R_0 nicht verwendet.

Das Programm P wird – wie bei der lexikalischen Analyse im Compilerbau – als Folge von lexikalischen Einheiten (Tokens) $P = \tau_0 \tau_1 \ldots \tau_m$ geschrieben, wobei die Tokens τ_i von folgender Form sind:

„$A\sigma$", „$S\sigma$", „(" und „$)\sigma$" mit $\sigma \in Z \setminus \{0\}$.

Es ist klar, dass im Programm P zu einer öffnenden Klammer „(" stets eine eindeutig bestimmte schließende Klammer „$)\sigma$" existiert.

Jedes Token τ_i wird im Folgenden durch eine entsprechende GOTO-Anweisung s_i ersetzt:

- Falls $\tau_i =$ „$A\sigma$", setze
$$s_i = (i, x_\sigma \leftarrow x_\sigma + 1, i + 1),$$

- Falls $\tau_i =$ „$S\sigma$", definiere

$$s_i = (i, x_\sigma \leftarrow x_\sigma - 1, i + 1),$$

- Falls $\tau_i =$ „(" und $\tau_j =$ „$)\sigma$" die korrespondierende schließende Klammer ist, wird festgelegt
$$s_i = (i, \mathtt{if}\ x_\sigma = 0, j + 1, i + 1),$$

- Falls $\tau_i =$ „$)\sigma$" und $\tau_j =$ „(" die assoziierte öffnende Klammer ist, setze

$$s_i = (i, \mathtt{if}\ x_\sigma = 0, i + 1, j + 1).$$

Auf diese Weise entsteht aus einem URM-Programm $P = \tau_0 \tau_1 \ldots \tau_m$ ein GOTO-Programm $\phi(P) = s_0; s_1; \ldots; s_m$ mit der gewünschten Eigenschaft (1.29).

Beispielsweise besteht das URM-Programm $P_+ = (A1; S2)2$ aus den Tokens $\tau_1 =$ „(", $\tau_2 =$ „$A1$", $\tau_3 =$ „$S2$" und $\tau_4 =$ „$)2$". Das zugehörige GOTO-Programm $\phi(P_+) = s_0; s_1; s_2; s_3$ lautet:

$$s_0 = (0, \mathtt{if}\ x_2 = 0, 4, 1)$$
$$s_1 = (1, x_1 \leftarrow x_1 + 1, 2)$$
$$s_2 = (2, x_2 \leftarrow x_2 - 1, 3)$$
$$s_3 = (3, \mathtt{if}\ x_2 = 0, 4, 1).$$

∎

Aus den Sätzen 1.4, 1.5 und 1.6 ergibt sich anhand eines Ringschlusses die folgende zentrale Aussage.

Satz 1.7 *Die URM-berechbaren Funktionen entsprechen genau den partiell-rekursiven Funktionen und letztere genau den GOTO-berechenbaren Funktionen.*

Es ist sogar möglich, URM-Programme durch GOTO-Programme mit jeweils nur zwei Variablen zu simulieren – wir sprechen dann von GOTO-2-Programmen. Hierzu wird die Zustandsmenge Ω einer URM anhand der Bijektion $\gamma : \Omega \to \mathbb{N}$ in (1.3) kodiert. Zu jedem URM-Programm P existiert dann ein GOTO-2-Programm $\bar{P}$ mit derselben Semantik, d. h. für alle Zustände $\omega, \omega' \in \Omega$ gilt:

$$|P|(\omega) = \omega' \quad \Longleftrightarrow \quad |\bar{P}|(0, \gamma(\omega)) = (0, \gamma(\omega')). \tag{1.30}$$

Die Konstruktion von GOTO-2-Programmen aus URM-Programmen wird in Anhang A kurz erläutert.

1.4 Berechenbare Funktionen und die Church-Turing-These

Wir haben drei Ausprägungen des Begriffs der berechenbaren Funktion kennengelernt. Allgemein zielt dieser Begriff auf Funktionen mit beliebigen natürlichen Zahlen als Argumenten und Werten ab, die anhand von Algorithmen berechenbar sind. Dazu zählen vor allem die geläufigen mathematischen Funktionen wie Addition, Multiplikation, Exponentation und ganzzahlige Division mit Rest. Der Begriff der Berechenbarkeit kann aber ohne Weiters auf Funktionen mit ganzzahligen Werten oder rationalen Zahlen als Argumenten und Werten ausgedehnt werden, indem die ganzen oder rationalen Zahlen durch natürliche Zahlen dargestellt werden – dies funktioniert, weil diese Mengen allesamt abzählbar sind. Ganz anders ist die Situation bei reellen Zahlen, weil diese Zahlenmenge überabzählbar ist, während die Menge der Algorithmen über einem endlichen Alphabet (Tastaturalphabet) abzählbar ist, weshalb nicht jede reelle Zahl berechenbar ist.

Die Vorstellung, den intuitiven Begriff des Berechenbarkeit mit einem mathematisch exakt definierten Begriff gleichzustellen, geht auf Alonso Church und Alan Turing (1936) zurück. Die *Church-Turing-These* (auch Church-These) zielt auf die Fähigkeiten allgemeiner Rechenmaschinen ab und besagt, dass jede intuitiv berechenbare Funktion partiell-rekursiv ist. In der Berechenbarkeitstheorie ist diese These heute weitestgehend anerkannt. Es wird also davon ausgegangen, dass es keinen sogenannten Hypercomputer gibt, der Berechnungen ausführen kann, die auf einer unbeschränkten Registermaschine nicht möglich sind. Auf einem Computer kann also theoretisch jede intuitiv gegebene Rechenvorschrift realisiert werden unter der Voraussetzung, dass hinreichend viel Rechenleistung und Speicherplatz zur Verfügung stehen.

Beispielsweise ist die Ackermannfunktion (1.16-1.18) eine im intuitiven Sinne berechenbare Funktion: Berechenbar deshalb, da wir anhand der lexikographischen Ordnung der Argumente gesehen haben, dass sich diese Funktion für jede Eingabe auswerten lässt. Intuitiv deshalb, weil wir keine Darstellung dieser Funktion durch das Fünf-Schema und die Minimalisierung angegeben haben. Nach der These von Church-Turing ist die Ackermannfunktion partiell-rekursiv, mithin rekursiv, da sie total ist.

Zentrale Konzepte

2

Nach der Präzisierung des Begriffs der berechenbaren Funktion werden in diesem Kapitel einige zentrale Ergebnisse der Berechenbarkeitstheorie erläutert. Ausgangspunkt ist die Gödelisierung der Klasse der partiell-rekursiven Funktionen. Damit kann die Existenz universeller Funktionen in unseren Modellen der Berechenbarkeit sichergestellt werden. Zudem erweist sich das Parametrisierungstheorem von Kleene als wichtiges Werkzeug für spätere Untersuchungen. Als interessantes Detail entpuppt sich der Normalformensatz von Kleene, nach welchem jede partiell-rekursive Funktion durch höchstens eine Anwendung der Minimalisierung darstellbar ist.

2.1 Gödelisierung

In der mathematischen Logik wird mit *Gödelisierung* eine Funktion bezeichnet, die jedem wohlgeformten Ausdruck einer formalen Sprache eine Zahl, die *Gödelnummer* der Formel, umkehrbar eindeutig zuordnet. Dieses Konzept geht auf Kurt Gödel (1931) zurück. Unsere Überlegungen werden in die Gödelnummerierung aller partiell-rekursiven Funktionen mit gegebener Stelligkeit münden.

2.1.1 Gödelisierung von Zahlentupeln

Unser erstes Teilziel ist die Gödelisierung der Menge aller ℓ-Tupel natürlicher Zahlen mit variierender Länge $\ell \geq 0$, also der Menge $\mathbb{N}_0^* = \bigcup_{\ell=0}^{\infty} \mathbb{N}_0^\ell$, wobei $\mathbb{N}_0^0 = \{\epsilon\}$ mit leerem Wort ϵ und $\mathbb{N}_0^1 = \mathbb{N}_0$. Die Elemente $x \in \mathbb{N}_0^\ell$ werden *Zahlentupel* der Länge ℓ genannt.

Zu diesem Zweck wird zuerst eine Kodierung der Paarmenge $\mathbb{N}_0^2$ betrachtet, genauer *Cantors Paarungsfunktion* $\sigma_2 : \mathbb{N}_0^2 \to \mathbb{N}_0$, definiert durch

© Der/die Herausgeber bzw. der/die Autor(en), exklusiv lizenziert durch Springer Fachmedien Wiesbaden GmbH, ein Teil von Springer Nature 2020
K. Zimmermann, *Berechenbarkeit*, essentials,
https://doi.org/10.1007/978-3-658-31739-3_2

$$\sigma_2(m, n) = \frac{(m + n)(m + n + 1)}{2} + m. \tag{2.1}$$

Lemma 2.1 *Cantors Paarungsfunktion σ_2 ist bijektiv und primitiv-rekursiv.*

Die ganzzahlige Division mit Rest ist eine primitiv-rekursive Funktion, weshalb die rechte Seite in (2.1) primitiv-rekursiv ist. Zum Beweis der Bijektivität wird auf die Art der Abzählung der Paarmenge durch die Funktion σ_2 verwiesen – beginnend mit dem Paar $(0, 0)$ werden die Paare (m, n) konsekutiv in Diagonalen von rechts oben nach links unten gezählt:

$$
\begin{array}{llllll}
(0,0) & (0,1) & (0,2) & (0,3) & (0,4) & (0,5)\cdots \\
(1,0) & (1,1) & (1,2) & (1,3) & (1,4) & \\
(2,0) & (2,1) & (2,2) & (2,3) & & \\
(3,0) & (3,1) & (3,2) & & & \\
(4,0) & (4,1) & & & & \\
(5,0) & & & & & \\
\cdots & & & & &
\end{array}
$$

Die Umkehrung der Paarung σ_2 wird durch Koordinatenfunktionen κ_2, τ_2 : $\mathbb{N}_0 \to \mathbb{N}_0$ dergestalt bewerkstelligt, dass für alle $m, n \in \mathbb{N}_0$ gilt:

$$\kappa_2(\sigma_2(m, n)) = m, \tag{2.2}$$

$$\tau_2(\sigma_2(m, n)) = n, \tag{2.3}$$

$$\sigma_2(\kappa_2(n), \tau_2(n)) = n. \tag{2.4}$$

Um diese Funktionen zu ermitteln, betrachten wir zu beliebiger Zahl $n \in \mathbb{N}_0$ diejenige Nummer $t \geq 0$, für die gilt: $t(t + 1)/2 \leq n < (t + 1)(t + 2)/2$. Eine Schachtelung dieser Art existiert stets. Setzen wir $m = n - t(t + 1)/2$, dann folgt:

$$m = n - t(t + 1)/2 \leq [(t + 1)(t + 2)/2 - 1] - [t(t + 1)/2] = t.$$

Daher ergibt sich mit $\kappa_2(n) = m$ und $\tau_2(n) = t - m$ sofort:

$$\sigma_2(\kappa_2(n), \tau_2(n)) = \sigma_2(m, t - m) = (m + (t - m))(m + (t - m) + 1)/2 + m$$
$$= t(t + 1)/2 + m = n.$$

Die Zahl m wird durch einen beschränkten Suchprozess berechnet, weshalb sich beide Funktionen κ_2 und τ_2 als primitiv-rekursiv erweisen.

Beispielsweise ist für $n = 17$ die Bedingung $t(t+1)/2 \leq 17 < (t+1)(t+2)/2$ für $t = 5$ erfüllt. Daher ist $m = n - t(t+1)/2 = 2$, woraus $\kappa_2(17) = m = 2$ und $\tau_2(17) = t - m = 3$ folgen. Die Probe liefert $\sigma_2(\kappa_2(17), \tau_2(17)) = \sigma_2(2, 3) = 17$.

Damit kann die Kodierungsfunktion $\sigma : \mathbb{N}_0^* \to \mathbb{N}_0$ anhand der Paarung σ_2 für alle $x \in \mathbb{N}_0^*$ and $y \in \mathbb{N}_0$ wie folgt induktiv festgelegt werden:

$$\sigma(\epsilon) = 0, \tag{2.5}$$

$$\sigma(x) = \sigma_2(0, x) + 1, \tag{2.6}$$

$$\sigma(x, y) = \sigma_2(\sigma(x), y) + 1. \tag{2.7}$$

Die zweite Gleichung ist ein Spezialfall der dritten, denn für alle $y \in \mathbb{N}_0$ gilt: $\sigma(\epsilon, y) = \sigma_2(\sigma(\epsilon), y) + 1 = \sigma_2(0, y) + 1 = \sigma(y)$. Die Funktion σ ist wohldefiniert, d. h. sie liefert zu jedem Zahlentupel eine natürliche Zahl, denn mit jedem Aufruf der Paarung σ in (2.7) werden die Zahlentupel kürzer.

Beispielsweise gilt: $\sigma(1, 3) = \sigma_2(\sigma(1), 3) + 1 = \sigma_2(\sigma_2(0, 1) + 1, 3) + 1 = \sigma_2(2, 3) + 1 = 17 + 1 = 18$.

Mit vollständiger Induktion ergibt sich leicht folgende Aussage.

Lemma 2.2 *Die Kodierungsfunktion σ ist bijektiv und primitiv-rekursiv.*

Die Funktion σ ordnet jedem Zahlentupel $x \in \mathbb{N}_0^*$ die *Gödelnummer* $\sigma(x) \in \mathbb{N}_0$ zu.

Für die späteren Betrachtungen wird die Umkehrfunktion der Kodierung σ benötigt. Diese wird mithilfe zweier Funktionen $\kappa, \tau : \mathbb{N}_0 \to \mathbb{N}_0$ definiert, welche vermöge der bereits bekannten Funktionen κ_2 und τ_2 festgelegt werden:

$$\kappa(n) = \kappa_2(n \dot- 1) \quad \text{und} \quad \tau(n) = \tau_2(n \dot- 1), \quad n \in \mathbb{N}_0. \tag{2.8}$$

Die Funktionen κ und τ sind primitiv-rekursiv und es gelten die Randbedingungen $\kappa(1) = \kappa(0) = 0$ und $\tau(1) = \tau(0) = 0$.

Um das Inverse einer Gödelzahl $n \geq 0$ zu ermitteln, wird zuerst die Länge des Zahlentupels x mit $\sigma(x) = n$ bestimmt und anschließend erst seine Komponenten.

Zentral ist dabei die Beobachtung, dass zu jeder Zahl $n \geq 1$ aufgrund der Bijektivität der Kodierung σ eindeutig bestimmte Zahlentupel $x \in \mathbb{N}_0^*$ und $y \in \mathbb{N}_0$ mit der Eigenschaft $\sigma(x, y) = n$ existieren, für welche dann gelten:

$$\kappa(n) = \sigma(x) \quad \text{und} \quad \tau(n) = y. \tag{2.9}$$

Denn es gilt $\sigma_2(\sigma(x), y) = n - 1$ nach (2.7), woraus sich vermöge (2.2) und (2.3) ergibt: $\kappa_2(n - 1) = \sigma(x)$ und $\tau_2(n - 1) = y$, mithin $\kappa(n) = \sigma(x)$ und $\tau(n) = y$.

Nach diesen Überlegungen ist die Länge eines Zahlentupels $x \in \mathbb{N}_0^*$ die kleinste Nummer $\ell \geq 0$ mit der Eigenschaft

$$\kappa^\ell(\sigma(x)) = 0. \tag{2.10}$$

Dies ist richtig für das leere Wort, denn es gilt: $\kappa^0(\sigma(\epsilon)) = \sigma(\epsilon) = 0$. Sei $x = x_1 \ldots x_\ell \in \mathbb{N}_0^\ell$ mit $\ell \geq 1$. Dann gibt es aufgrund der Bijektivität der Kodierung σ eine Zahl $n \geq 1$ mit $\sigma(x) = n$. Es folgt $\sigma(x_1 \ldots x_{\ell-1}) = \kappa(n)$ nach (2.9) und mittels Induktion ergibt sich $\kappa^{\ell-1}(\sigma(x_1 \ldots x_{\ell-1})) = 0$, wobei $\ell - 1$ minimal mit dieser Eigenschaft ist. Daher folgt: $\kappa^\ell(\sigma(x)) = \kappa^\ell(n) = \kappa^{\ell-1}(\kappa(n)) = \kappa^{\ell-1}(\sigma(x_1 \ldots x_{\ell-1})) = 0$, wobei ℓ minimal mit dieser Eigenschaft ist.

Die *Längenfunktion* $\lg : \mathbb{N}_0 \to \mathbb{N}_0$ ist festgelegt durch die Minimalisierung

$$\lg(n) = \mu\ell\left[\kappa^\ell(n) = 0\right]. \tag{2.11}$$

Sie ordnet jeder Gödelnummer n nach (2.10) die Länge des Zahlentupels x mit $\sigma(x) = n$ zu. Diese Funktion ist primitiv-rekursiv, weil die Funktion κ primitiv-rekursiv ist, mithin auch ihre Potenzen, und die Minimalisierung einen beschränkten Suchprozess darstellt, da die Länge eines Zahlentupels stets durch seine Gödelzahl nach oben begrenzt ist.

Nachdem zu einer Gödelnummer n die Länge ℓ des zugehörigen Zahlentupels ermittelt ist, lassen sich die Komponenten des Zahlentupels sofort berechnen:

$$\sigma^{-1}(n) = (\tau \circ \kappa^{\ell-1}(n), \ldots, \tau \circ \kappa(n), \tau(n)), \tag{2.12}$$

wobei $\ell = \lg(n)$. Dies kann leicht per Induktion gezeigt werden.

Beispielsweise wird für die Gödelzahl $n = 18$ zuerst die Länge ℓ des zugeordneten Zahlentupels gemäß (2.10) ermittelt: $\kappa(18) = \kappa_2(17) = 2$ und $\kappa^2(18) = \kappa(\kappa(18)) = \kappa(\kappa_2(17)) = \kappa(2) = \kappa_2(1) = 0$, also $\ell = 2$. Somit berechnen sich die Komponenten des Zahlentupels nach (2.12) wie folgt: $\tau(18) = \tau_2(17) = 3$ und $\tau(\kappa(18)) = \tau(\kappa_2(17)) = \tau(2) = \tau_2(1) = 1$. Insgesamt folgt: $\sigma(1, 3) = 18$.

2.1.2 Gödelisierung von GOTO-Programmen

Nach der Gödelisierung von $\mathbb{N}_0^*$ streben wir eine solche für GOTO-Programme an. Zu diesem Zwecke sei $P = s_0; s_1; \ldots; s_m$ ein SGOTO-Programm. Die l-te Instruktion s_l, welche definitionsgemäß die Befehlsmarke l besitzt, wird abhängig vom jeweiligen Befehlstyp kodiert:

$$\sigma'(s_l) = \begin{cases} 3 \cdot \sigma(i, k) & \text{falls } s_l = (l, x_i \leftarrow x_i + 1, k), \\ 3 \cdot \sigma(i, k) + 1 & \text{falls } s_l = (l, x_i \leftarrow x_i - 1, k), \\ 3 \cdot \sigma(i, k, m) + 2 & \text{falls } s_l = (l, \text{if } x_i = 0, k, m). \end{cases} \qquad (2.13)$$

Umgekehrt kann zu einer Zahl $e = \sigma'(s_l) \in \mathbb{N}_0$ die l-te Instruktion leicht rekonstruiert werden. Hierbei wird e anhand ganzzahliger Division mit Rest dargestellt: $e = 3n + t$ mit $n \in \mathbb{N}_0$ und $0 \le t < 3$. Aus der Formel (2.12) für das Inverse einer Gödelzahl n folgt $\sigma^{-1}(n) = (\tau(\kappa(n)), \tau(n))$ im Falle einer Inkrementation oder Dekrementation sowie $\sigma^{-1}(n) = (\tau(\kappa^2(n)), \tau(\kappa(n)), \tau(n))$ im Falle einer Verzweigung. Aus (2.13) folgt somit:

$$s_l = \begin{cases} (l, x_{\tau(\kappa(n))} \leftarrow x_{\tau(\kappa(n))} + 1, \tau(n)) & \text{falls } t = 0, \\ (l, x_{\tau(\kappa(n))} \leftarrow x_{\tau(\kappa(n))} - 1, \tau(n)) & \text{falls } t = 1, \\ (l, \text{if } x_{\tau(\kappa^2(n))} = 0, \tau(\kappa(n)), \tau(n)) & \text{falls } t = 2. \end{cases} \qquad (2.14)$$

Damit kann ein SGOTO-Programm $P = s_0; s_1; \ldots; s_m$ anhand der Kodierung der Folge der Befehle mithilfe der Funktion σ wie folgt gödelisiert werden:

$$\rho(P) = \sigma(\sigma'(s_0), \sigma'(s_1), \ldots, \sigma'(s_m)). \qquad (2.15)$$

Die Funktion $\rho : \mathcal{P}_{\text{SGOTO}} \to \mathbb{N}$, erweist sich als bijektiv und primitiv-rekursiv. Die Zahl $e = \rho(P)$ wird als die *Gödelnummer* des SGOTO-Programms P bezeichnet; abkürzend wird $P = P_e$ geschrieben. Die Gödelnummer e enthält gleichsam einen Bauplan für das Programm P_e. Diese Gödelisierung liefert eine Liste aller SGOTO-Programme

$$P_0, P_1, P_2, \ldots. \qquad (2.16)$$

Umgekehrt kann zu jeder Zahl $e \in \mathbb{N}_0$ mit der obigen Methode das eindeutig zugeordnete SGOTO-Programm $P = P_e$ mit der Gödelnummer e rekonstruiert werden.

Beispielsweise werden im SGOTO-Programm P_+ zur Addition zweier Zahlen in (1.25) die Befehle kodiert durch $\sigma'(s_0) = 3 \cdot \sigma(2, 3, 1) + 2 = 1889$, $\sigma'(s_1) = 3 \cdot \sigma(1, 2) = 39$ und $\sigma'(s_2) = 3 \cdot \sigma(2, 0) + 1 = 46$. Damit ergibt sich die Gödelzahl des Programms: $\rho(P_+) = \sigma(1889, 39, 46) = 1\,269\,420\,373\,033\,475\,160\,642\,134$.

2.1.3 Gödelisierung von partiell-rekursiven Funktionen

Mit einer Gödelnummerierung der SGOTO-Programme gelingt es leicht, eine Gödelisierung der partiell-rekursive Funktionen herzustellen. Nach unseren Überlegungen aus dem vorigen Kapitel kann zu jeder Stelligkeit $n \geq 1$ die von einem SGOTO-Programm P_e berechnete partiell-rekursive Funktion $\phi_e^{(n)} = \|P_e\|_{n,1}$ betrachtet werden. Die Zahl e wird als *Gödelnummer* oder *Index* der Funktion $\phi_e^{(n)}$ bezeichnet. Aus der Liste aller SGOTO-Programme (2.16) erhalten wir anhand von Satz 1.7 eine Liste aller n-stelligen partiell-rekursiven Funktionen:

$$\phi_0^{(n)}, \phi_1^{(n)}, \phi_2^{(n)}, \ldots \tag{2.17}$$

Hierbei ist zu beachten, dass diese Liste viele syntaktisch unterschiedliche, aber semantisch gleichwertige Funktionen enthält, etwa wenn 0 zum Resultat hinzuaddiert wird.

2.2 Parametrisierung

Der Parametrisierungssatz von Stephen C. Kleene (1943), auch als Smn-Theorem bekannt, ist ein Meilenstein der Berechenbarkeitstheorie. Er bezieht sich auf die Parametrisierung von Argumenten berechenbarer Funktionen und hat Anwendungen unter anderem bei Beweisen der Unentscheidbarkeit von Mengen.

Satz 2.3 (Smn-Theorem) *Zu jedem Paar $m, n \geq 1$ gibt es eine $m + 1$-stellige primitiv-rekursive Funktion $s_{m,n}$, so dass für alle $e \in \mathbb{N}_0$ und $\boldsymbol{x} \in \mathbb{N}_0^m$ gilt:*

$$\phi_e^{(m+n)}(\boldsymbol{x}, \cdot) = \phi_{s_{m,n}(e,\boldsymbol{x})}^{(n)}, \tag{2.18}$$

d. h. für alle $e \in \mathbb{N}_0$, $\boldsymbol{x} \in \mathbb{N}_0^m$ und $\boldsymbol{y} \in \mathbb{N}_0^n$ gilt: $\phi_e^{(m+n)}(\boldsymbol{x}, \boldsymbol{y}) = \phi_{s_{m,n}(e,\boldsymbol{x})}^{(n)}(\boldsymbol{y})$.

Beweis Sei $P_e = s_0; s_1; \ldots; s_m$ ein SGOTO-Programm, das die Funktion $\phi_e^{(m+n)}$ berechnet, d. h. $\|P_e\|_{m+n,1} = \phi_e^{(m+n)}$. Für jedes feste $x \in \mathbb{N}_0^m$ erweitere P_e zu einem SGOTO-Programm $Q_{e,x}$, so dass folgender Ablauf entsteht:

$$
\begin{array}{llll}
0 & y & 0\ 0 & \ldots \text{ Initialisierung} \\
0 & \mathbf{0} & y\ 0\ 0 & \ldots \text{ Umspeicherung von } y \\
0 & x & y\ 0\ 0 & \ldots \text{ Erzeugung von Parameter } x \\
0 & \phi_e^{(m+n)}(x, y) & & \ldots \ldots \text{ Anwendung von } P_e
\end{array}
\tag{2.19}
$$

Für alle $x \in \mathbb{N}_0^m$ und $y \in \mathbb{N}_0^n$ gilt also $\|Q_{e,x}\|_{n,1}(y) = \phi_e^{(m+n)}(x, y)$. Betrachte die Funktion $s_{m,n} : \mathbb{N}_0^{m+1} \to \mathbb{N}_0$, definiert durch $s_{m,n}(e, x) = \rho(Q_{e,x})$, d. h. $s_{m,n}(e, x)$ ist der Index des Programms $Q_{e,x}$. Diese Funktion ist nach (2.15) primitiv-rekursiv. Weiter folgt: $\phi_{s_{m,n}(e,x)}^{(n)} = \|Q_{e,x}\|_{n,1} = \phi_e^{(m+n)}(x, \cdot)$. ∎

Dieser Satz besagt, dass es zu einem Program P_e, welches mit den Parametern x und y ausgeführt wird, ein aus e und x erstelltes Program $P_{s_{m,n}(e,x)}$ gibt, welches bei Eingabe von y dasselbe berechnet wie P_e bei Eingabe von x und y. Im Kontext von Programmiersprachen steht dieses Resultat in Zusammenhang mit dem sogenannten Currying und bezieht sich auf die Umsetzung einer Funktion mit mehreren Argumenten in eine Folge von Funktionen mit jeweils einem Argument.

Betrachten wir etwa das URM-Programm $P_+ = (A1; S2)2$ zur Addition zweier Zahlen. Durch Festhalten des ersten Arguments $x = 2$ erhalten wir wie in (2.19) das URM-Programm $P_{+2} = (S1; A2)1; A1; A1; P_+$ für das Hinzuaddieren von 2. Der Ablauf ist folgender:

$$
\begin{array}{llll}
0 & y & 0\ 0 & \ldots \text{ Initialisierung} \\
0 & 0 & y\ 0\ 0 & \ldots \text{ Umspeicherung von } y \\
0 & 2 & y\ 0\ 0 & \ldots \text{ Erzeugung von } x = 2 \\
0 & 2+y & 0\ 0\ 0 & \ldots \text{ Anwendung von } P_+
\end{array}
$$

Die Gödelnummer von P_{+2} ergibt sich durch Konvertierung in ein SGOTO-Programm gemäß Satz 1.6 und anschließende Anwendung von (2.15).

2.3 Universelle Funktionen

Ein weiteres wichtiges Resultat ist die Existenz von universellen Funktionen. Unter einer universellen Funktion für n-stellige berechenbare Funktionen wird eine partiell-rekursive Funktion verstanden, die in der Lage ist jede n-stellige partiell-rekursive Funktion mithilfe eines Bauplans dieser Funktion (Gödelnummer, Index) auszuwerten. Im Bereich der Programmiersprachen erfüllt eine universelle Funktion die Rolle eines Interpreters.

Sei $n \geq 1$. Eine *universelle Funktion* für n-stellige partiell-rekursive Funktionen ist eine $n + 1$-stellige Funktion $\psi_{\text{univ}}^{(n)} : \mathbb{N}_0^{n+1} \to \mathbb{N}_0$ dergestalt, dass für alle $e \in \mathbb{N}_0$ und $x \in \mathbb{N}_0^n$ gilt:

$$\psi_{\text{univ}}^{(n)}(e, x) = \phi_e^{(n)}(x). \tag{2.20}$$

Satz 2.4 *Zu jeder Stelligkeit $n \geq 1$ existiert es eine universelle Funktion $\psi_{\text{univ}}^{(n)}$, die partiell-rekursiv ist.*

Im Beweis wird zu jeder Gödelzahl e zunächst das zugehörige SGOTO-Program P_e anhand der Inversen der Bijektion (2.15) konstruiert. Zu diesem SGOTO-Programm $P_e = s_0; s_1; \ldots; s_m$ lässt sich dann wie im Beweis des Satzes 1.5 anhand einer Einschritt-, Mehrschritt- und Laufzeitfunktion eine Resultatsfunktion R_{P_e} festlegen, welche gemäß (1.28) anhand der Komposition $\beta_1 \circ R_{P_e} \circ \alpha_n$ mit Eingabefunktion α_n sowie Ausgabefunktion β_1 die Funktion $\phi_e^{(n)}$ berechnet. Also ergibt sich die Funktion $\psi_{\text{univ}}^{(n)}(e, \cdot) = \beta_1 \circ R_{P_e} \circ \alpha_n$ als Komposition von partiell-rekursiven Funktionen und ist damit selber partiell-rekursiv.

2.4   Normalform von Kleene

Bemerkenswerterweise lässt sich nach der Normalform von Stephen C. Kleene jede partiell-rekursive Funktion durch eine einzige Anwendung der Minimalisierung darstellen. Im Kontext der Programmiersprachen bedeutet dies, dass jedes Programm mit einer einzigen `while`-Schleife geschrieben werden kann – ein praktisch kaum zu realisierendes Unterfangen, wenn man etwa an Betriebssysteme denkt. Eine zentrale Bedeutung bei der Herleitung dieses Resultats spielt die sogenannte Kleene-Menge. Einen Zugang zu Mengen erhalten wir in unseren Modellen indirekt durch Betrachtung von eineindeutig zugeordneten Funktionen.

2.4.1   Rekursive Mengen

Mengen können in unsere Betrachtungen leicht einbezogen werden. Denn jede Menge $A \subseteq \mathbb{N}_0^n$ besitzt eine *charakteristische Funktion* χ_A, die umkehrbar eindeutig der Menge zugeordnet ist:

$$\chi_A : \mathbb{N}_0^n \to \mathbb{N}_0 : x \mapsto \begin{cases} 1 \text{ falls } x \in A, \\ 0 \text{ sonst.} \end{cases} \tag{2.21}$$

Eine Menge $A \subseteq \mathbb{N}_0^n$ ist *rekursiv*, wenn die Funktion χ_A rekursiv ist. Insbesondere ist die Menge A *primitiv*, wenn die charakteristische Funktion χ_A primitiv-rekursiv ist. Im Falle einer rekursiven Menge A kann also die Frage nach dem Enthaltensein "$x \in A$" mithilfe der Auswertung der total berechenbaren Funktion χ_A an der Stelle x beantwortet werden.

In Zusammenhang mit Fallunterscheidungen sind zwei primitiv-rekursive Funktionen nützlich: Die *Signum-Funktion* $\mathrm{sgn} : \mathbb{N}_0 \to \mathbb{N}_0$ mit $\mathrm{sgn}(x) = 1$, falls $x > 0$, und 0 sonst, sowie die *Cosignum-Funktion* $\overline{\mathrm{sgn}} : \mathbb{N}_0 \to \mathbb{N}_0$ mit $\overline{\mathrm{sgn}}(x) = 1 \dot- \mathrm{sgn}(x)$ für alle $x \in \mathbb{N}_0$.

Beispielsweise ist die Gleichheitsrelation $R_= = \{(x, y) \in \mathbb{N}_0^2 \mid x = y\}$ primitiv, weil die zugehörige charakteristische Funktion $\chi_=(x, y) = \overline{\mathrm{sgn}}(|x - y|)$ primitiv-rekursiv ist, wobei für den Absolutbetrag zweier Zahlen $x, y \in \mathbb{N}_0$ gilt: $|x - y| = (x \dot- y) + (y \dot- x)$.

Die rekursiven Mengen sind unter den üblichen Mengenoperationen abgeschlossen.

Lemma 2.5 *Sind $A, B \subseteq \mathbb{N}_0^n$ rekursiv, dann sind auch $A \cup B$, $A \cap B$ und $\bar{A} = \mathbb{N}_0^n \setminus A$ rekursiv.*

Beweis Für alle $x \in \mathbb{N}_0^n$ gilt:

$$\chi_{A \cup B}(x) = \mathrm{sgn}(\chi_A(x) + \chi_B(x)), \tag{2.22}$$

$$\chi_{A \cap B}(x) = \chi_A(x) \cdot \chi_B(x), \tag{2.23}$$

$$\chi_{\bar{A}}(x) = \overline{\mathrm{sgn}}(\chi_A(x)). \tag{2.24}$$

Die rechten Seiten sind Kompositionen von rekursiven Funktionen und somit selber rekursiv. ∎

2.4.2 Die Kleene-Menge

Die weiteren Überlegungen beziehen sich auf die Ausführung von GOTO-Programmen so wie dies im Beweis des Satzes 1.5 beschrieben wurde. Zu gegebener Stelligkeit $n \geq 1$ wird zuerst die *erweiterte Kleene-Menge* $S_n \subseteq \mathbb{N}_0^{n+3}$ eingeführt:

$$(e, x, z, t) \in S_n \quad :\Longleftrightarrow \tag{2.25}$$

$$\chi_{L(P_e)}(\pi_1^{(k)}(M_{P_e}(\omega_x, t))) = 0 \quad \wedge \quad \pi_2^{(k)}(M_{P_e}(\omega_x, t)) = z.$$

Dabei ist $\omega_x = (0, x_1, \ldots, x_n, 0, 0, \ldots) \in \mathbb{N}_0^k$ die initiale Konfiguration mit Befehlsmarke $\ell = 0$ und Eingabevektor $x = (x_1, \ldots, x_n) \in \mathbb{N}_0^n$ mit $k \geq n$. Ferner ist $M_{P_e}(\omega_x, t)$ die Mehrschrittfunktion, welche die ersten t Schritte des Programms P_e mit initialer Konfiguration ω_x ausführt. Von der so erreichten Konfiguration $M_{P_e}(\omega_x, t) = (\ell, y_1, y_2, \ldots) \in \mathbb{N}_0^k$ werden in $\pi_1^{(k)}(\ell, y_1, y_2, \ldots) = \ell$ die Marke des momentanen Befehls und in $\pi_2^{(k)}(\ell, y_1, y_2, \ldots) = y_1$ der Wert des Ergebnisregisters R_1 entnommen. Die charakteristische Funktion $\chi_{L(P_e)}(\ell)$ liefert 1, falls $\ell \in L(P_e)$ eine Programmmarke ist, und 0 sonst. Kurz gesagt: $(e, x, z, t) \in S_n$ gilt genau dann, wenn das Programm P_e mit der Eingabe x nach t Schritten terminiert und z das Resultat der Berechnung ist.

Die Menge S_n ist primitiv, d. h. die charakteristische Funktion χ_{S_n} ist primitivrekursiv, weil alle an ihrer Definition beteiligten Funktionen primitiv-rekursiv sind – dies gilt auch für die charakteristische Funktion von $L(P_e)$, da die Markenmenge $L(P_e)$ endlich ist (siehe (3.1)).

Beispielsweise besteht die Menge S_2 für das GOTO-Programm P_+ zur Addition zweier Zahlen in (1.25) aus den Elementen $(e, (x, y), x + y, 3y + 1)$ für alle $x, y \in \mathbb{N}_0$, wobei wir die Gödelnummer dieses Programms schon weiter oben angegeben haben.

Mit diesen Vorbereitungen lässt sich die *Kleene-Menge* $T_n \subseteq \mathbb{N}_0^{n+2}$ anhand einer Kodierung der letzten beiden Komponenten in der erweiterten Kleene-Menge S_n definieren:

$$(e, x, y) \in T_n \quad :\Longleftrightarrow \quad (e, x, \kappa_2(y), \tau_2(y)) \in S_n. \tag{2.26}$$

Es ist klar, dass die Komponente y sowohl das Resultat der Berechnung $z = \kappa_2(y)$ als auch die Anzahl der Schritte $t = \tau_2(y)$ kodiert. Für die zugeordneten charakteristischen Funktionen gilt also

$$\chi_{T_n}(e, x, y) = \chi_{S_n}(e, x, \kappa_2(y), \tau_2(y)). \tag{2.27}$$

Die Menge T_n ist also ebenfalls primitiv, weil die rechte Seite als Komposition von primitiv-rekursiven Funktionen selbst primitiv-rekursiv ist.

Daraus ergibt sich für alle $e \in \mathbb{N}_0$ und $x \in \mathbb{N}_0^n$:

$$\phi_e^{(n)}(x) = \kappa_2 \left(\mu y \left[\chi_{T_n}(e, x, y) = 1 \right] \right), \tag{2.28}$$

wobei die Schreibweise in (1.21) verwendet wird. Hierbei gilt $\chi_{T_n}(e, x, y) = 1$ genau dann, wenn das Programm P_e mit der Eingabe x die Ausgabe $z = \kappa_2(y)$ in $t = \tau_2(y)$ Schritten liefert. Gemäß der Minimalisierung (2.28) generiert die rechte Seite das Resultat $\kappa_2(y)$ der Berechnung, falls diese irgendwann terminiert. Andernfalls hält das Programm nicht, so dass das Ergebnis undefiniert ist. Die Darstellung (2.28) belegt, dass jede partiell-rekursive Funktion durch einen einzigen Rückgriff auf die Minimalisierung festgelegt werden kann.

Unentscheidbare Probleme 3

In der Berechenbarkeitstheorie stellt ein unentscheidbares Problem ein Entscheidungsproblem dar, für welches es unmöglich ist eine Rechenvorschrift zu konzipieren, die stets eine korrekte Ja-Nein-Antwort liefert. In diesem Kapitel werden prominente Beispiele behandelt: das Halteproblem sowie die Wortprobleme für Termersetzungssysteme und Halbgruppen.

3.1 Unentscheidbare Mengen

Informell ist eine Menge $A \subseteq \mathbb{N}_0^n$ entscheidbar, wenn für jedes Element $x \in \mathbb{N}_0^n$ die Frage nach dem Enthaltensein "$x \in A$" durch eine Rechenvorschrift beantwortet werden kann. Genauer heißt eine Menge $A \subseteq \mathbb{N}_0^n$ *entscheidbar*, wenn die zugehörige charakteristische Funktion χ_A rekursiv ist – im vorigen Kapitel hatten wir eine solche Menge auch rekursiv genannt. Auf diese Weise kann die Frage nach dem Enthaltensein "$x \in A$" durch Einsetzen von x in die Funktion χ_A beantwortet werden. Eine Rechenvorschrift zur Berechnung der charakteristischen Funktion χ_A wird auch eine *Entscheidungsprozedur* für die Menge A genannt. Eine Menge A ist demgemäß *unentscheidbar*, wenn die charakteristische Funktion χ_A nicht rekursiv ist.

Die entscheidbaren Mengen sind unter den üblichen Mengenoperationen nach Lemma 2.5 abgeschlossen. Weiterhin ist jede endliche Menge $A \subseteq \mathbb{N}_0^n$ entscheidbar, weil die Funktion

$$\chi_A(x) = \operatorname{sgn}\left(\sum_{a \in A} \chi_{=}(a, x) \right), \quad x \in \mathbb{N}_0^n, \tag{3.1}$$

© Der/die Herausgeber bzw. der/die Autor(en), exklusiv lizenziert durch Springer
Fachmedien Wiesbaden GmbH, ein Teil von Springer Nature 2020
K. Zimmermann, *Berechenbarkeit*, essentials,
https://doi.org/10.1007/978-3-658-31739-3_3

als Komposition von primitiv-rekursiven Funktionen wiederum primitiv-rekursiv ist. Beispielsweise gilt für die Menge $A = \{1, 3, 5\}$: $\chi_A(x) = \chi_=(1, x) + \chi_=(3, x) + \chi_=(5, x)$ für alle $x \in \mathbb{N}_0$. Insbesondere ist die leere Menge $\emptyset$ entscheidbar und somit nach Lemma 2.5 auch deren Komplement, die Menge der natürlichen Zahlen $\mathbb{N}_0$, genauer $\mathbb{N}_0^n$ für jedes $n \geq 0$.

Lemma 3.1 *Die Menge der Primzahlen P ist entscheidbar.*

Beweis. Eine natürliche Zahl $p \geq 2$ ist *prim*, falls 1 und p die einzigen natürlichen Zahlen sind, die p teilen. Für die charakteristische Funktion von P gilt: $\chi_P(0) = \chi_P(1) = 0$, $\chi_P(2) = 1$ und für $x \geq 3$:

$$\chi_P(x) = \overline{\mathrm{sgn}}\,[\chi_D(2, x) + \chi_D(3, x) + \ldots + \chi_D(x - 1, x)],$$

wobei χ_D die charakteristische Funktion der Teilbarkeitsrelation $D = \{(x, y) \in \mathbb{N}_0^2 \mid x \text{ teilt } y\}$ darstellt. Diese Menge ist entscheidbar, weil ihre charakteristische Funktion primitiv-rekursiv ist; für alle $x, y \geq 1$ gilt: $\chi_D(x, y) = \mathrm{sgn}[\chi_=(x \cdot 1, y) + \ldots + \chi_=(x \cdot y, y)]$. ∎

Wenden wir uns nunmehr unentscheidbaren Mengen zu. Hierzu betrachten wir die Auflistung aller monadischen partiell-rekursiven Funktionen, so wie dies in (2.17) geschehen ist.

Satz 3.2 *Die Menge $K = \left\{x \in \mathbb{N}_0 \mid x \in \mathrm{dom}\,\phi_x^{(1)}\right\}$ ist unentscheidbar.*

Die Beziehung "$x \in \mathrm{dom}\,\phi_x^{(1)}$" kann programmtechnisch dahingehend gedeutet werden, dass das GOTO-Programm P_x mit der Eingabe x terminiert.

Beweis. Angenommen, die Menge K wäre entscheidbar. Dann definiere die Funktion $f : \mathbb{N}_0 \to \mathbb{N}_0$ durch

$$f(x) = \begin{cases} 0 & \text{if } x \notin K, \\ \uparrow & \text{sonst.} \end{cases} \tag{3.2}$$

Diese Funktion ist partiell-rekursiv. Denn die laut Annahme rekursive Funktion χ_K kann nach Satz 1.4 durch ein URM-Programm P berechnet werden. Die Komposition $P; (A1)1$ liefert dann ein URM-Programm, welches die Funktion f berechnet. Somit ist die Funktion f nach Satz 1.7 partiell-rekursiv. Folglich kommt die Funktion f in der Auflistung (2.17) vor und besitzt daher einen Index $e \in \mathbb{N}_0$, d.h. $f = \phi_e^{(1)}$. Daraus ergibt sich widersprüchlicherweise durch Diagonalisierung:

$$e \in K \overset{\text{Def. } K}{\Longleftrightarrow} e \in \operatorname{dom} \phi_e^{(1)} \overset{\text{Def. } \phi_e^{(1)}}{\Longleftrightarrow} e \in \operatorname{dom}(f) \overset{\text{Def. } f}{\Longleftrightarrow} e \notin K. \tag{3.3}$$

∎

Die Funktion $f : \mathbb{N}_0 \to \mathbb{N}_0$ in (3.2) ist also nicht berechenbar. Aber unter Vertauschung der beiden Fälle ergibt sich eine partiell-rekursive Funktion $f' : \mathbb{N}_0 \to \mathbb{N}_0$ mit

$$f'(x) = \begin{cases} 0 & \text{if } x \in K, \\ \uparrow & \text{sonst.} \end{cases} \tag{3.4}$$

Denn für alle $x \in \mathbb{N}_0$ gilt: $f'(x) = 0 \cdot \psi_{\text{univ}}^{(1)}(x, x)$. Darüber hinaus ist die damit in Zusammenhang stehende Funktion $f'' : \mathbb{N}_0 \to \mathbb{N}_0$, gegeben durch

$$f''(x) = \begin{cases} x & \text{if } x \in K, \\ \uparrow & \text{sonst,} \end{cases} \tag{3.5}$$

ebenfalls partiell-rekursiv, denn für alle $x \in \mathbb{N}_0$ gilt: $f''(x) = x \cdot \operatorname{sgn}(\psi_{\text{univ}}^{(1)}(x, x) + 1)$. Diese Funktion ist zwar berechenbar, hat aber in K einen unentscheidbaren Definitions- und Wertebereich.

Nachdem die Menge K als unentscheidbar erkannt ist, lassen sich mittels Reduktion weitere Mengen als unentscheidbar nachweisen. Eine Menge $A \subseteq \mathbb{N}_0^n$ ist auf eine Menge $B \subseteq \mathbb{N}_0^n$ *reduzierbar,* wenn es eine rekursive Funktion $f : \mathbb{N}_0^m \to \mathbb{N}_0^n$ gibt, so dass für alle $\boldsymbol{x} \in \mathbb{N}_0^n$ gilt:

$$\boldsymbol{x} \in A \iff f(\boldsymbol{x}) \in B, \tag{3.6}$$

oder gleichwertig: $\chi_A(\boldsymbol{x}) = \chi_B(f(\boldsymbol{x}))$. Mit dieser Darstellung ist klar, dass aus der Entscheidbarkeit von B die von A folgt, oder äquivalent dazu mittels Kontraposition: Ist A unentscheidbar, dann ist auch B unentscheidbar. Hierbei sei noch ergänzt, dass eine Funktion $f : \mathbb{N}_0^m \to \mathbb{N}_0^n$ rekursiv ist, wenn die Komponentenfunktionen $\pi_i^{(n)} \circ f : \mathbb{N}_0^m \to \mathbb{N}_0, 1 \leq i \leq n$, rekursiv sind. Diese Überlegungen führen auf das *Halteproblem.*

Satz 3.3 *Die Menge* $H = \left\{ (x, y) \in \mathbb{N}_0^2 \mid y \in \mathrm{dom}\, \phi_x^{(1)} \right\}$ *ist unentscheidbar.*

Programmtechnisch bedeutet die Aussage "$y \in \mathrm{dom}\, \phi_x^{(1)}$", dass das GOTO-Programm P_x mit der Eingabe y hält.

Beweis. Die Menge K kann auf die Menge H durch die rekursive Funktion $f : \mathbb{N}_0 \to \mathbb{N}_0^2$: $x \mapsto (x, x)$ reduziert werden. Denn für alle $x \in \mathbb{N}_0$ gilt: $\chi_K(x) = \chi_H(x, x) = \chi_H(f(x))$. Aus der Unentscheidbarkeit von K folgt also die Unentscheidbarkeit von H.   ∎

Einen pittoresken Beweis des Halteproblems zeigt Abb. 3.1. Angenommen, es gäbe ein allmächtiges GOTO-Programm A, welches in der Lage wäre das Halteproblem zu lösen; d. h. A kann bei Eingabe eines GOTO-Programms P und einer Eingabe x für P entscheiden, ob P mit x hält oder nicht. Es ist klar, dass das Programm A nach der These von Church-Turing und unseren Überlegungen über GOTO-Programme in Satz 1.7 auch als GOTO-Programm realisierbar ist. Wir ändern das allmächtige Programm A so zu einem fiesen GOTO-Programm F ab, dass F mit der Eingabe (P, x) nicht hält, wenn P mit x hält, ansonsten hält F; eine derartige Konstruktion findet sich im Beweis des Satzes 3.2. Jetzt kommt wieder die Diagonalisierung ins Spiel. Das fiese Programm F wird mit dem Programm F und einer Eingabe (P, x) gefüttert. Wenn die Eingabe F mit (P, x) hält, dann hält F nicht, und wenn die Eingabe F mit (P, x) nicht hält, dann hält F. Widerspruch!

Demnach existiert zu gegebenem GOTO-Programm P mit einer Eingabe x kein Algorithmus, der feststellt, ob dieses Programm mit seiner Eingabe terminiert. Es gibt also Aufgaben, die ein Computer nicht ausführen kann, nämlich Schlussfolgerungen über sich selbst anzustellen. Das Halteproblem wurde von Alan Turing (1936) bewiesen. Nach der Church-Turing-These gilt dieses Resultat für allen Formalismen, die den Begriff der Berechenbarkeit formalisieren, also etwa auch für C- oder Java™-Programme.

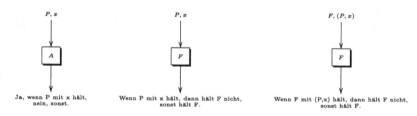

Abb. 3.1 Beweis des Halteproblems

Das Halteproblem markiert nur die Spitze eines Eisberges. Zu den unentscheidbaren Problemen zählen etwa (1) das Problem, ob ein GOTO-Programm eine spezielle Funktion, wie etwa die konstante Nullfunktion $c_0^{(1)}$, berechnet; (2) das Problem, ob zwei GOTO-Programme dasselbe Ein-/Ausgabe-Verhalten an den Tag legen; (3) das Problem, ob ein GOTO-Programm immer hält, also eine totale Funktion berechnet; (4) das Problem, ob ein GOTO-Programm mit einer spezifischen Eingabe hält; (5) das Problem, ob ein GOTO-Programm hält und dabei eine spezifische Ausgabe liefert. Diese semantischen Programmeigenschaften sind Ausprägungen des Satzes von Henry G. Rice (1951).

Satz 3.4 *Alle nichttrivialen semantischen Eigenschaften von partiell-rekursiven Funktionen sind unentscheidbar.*

Wir gehen hierbei davon aus, dass sich jede derartige semantische Eigenschaft durch eine Klasse von partiell-rekursiven Funktionen beschreiben lässt. Sei $\mathcal{C}$ eine Klasse von nichttrivialen monadischen partiell-rekursiven Funktionen. Nichttrivial bedeutet, dass die Eigenschaft weder für alle partiell-rekursiven Funktionen noch für keine partiell-rekursive Funktion gilt, also $\mathcal{C}$ weder die gesamte Klasse der partiell-rekursiven Funktionen noch die leere Menge darstellt – wir beschränken uns dabei auf monadische Funktionen. Betrachten wir die zugehörige Menge der Indices $I(\mathcal{C} = \{x \in \mathbb{N}_0 \mid \phi_x^{(1)} \in \mathcal{C}\}$, dann besagt der Satz von Rice, dass für jede nichttriviale Semantik $\mathcal{C}$ die Menge $I(\mathcal{C})$ unentscheidbar ist. Ein Beweis dieses Satzes findet sich in Anhang B.

Beispielsweise werden die oben skizzierten unentscheidbaren Probleme durch folgende Indexmengen festlegt:

(1) $\left\{x \in \mathbb{N}_0 \mid \phi_x^{(1)} = c_0^{(1)}\right\}$,

(2) $\left\{(x, y) \in \mathbb{N}_0^2 \mid \phi_x^{(1)} = \phi_y^{(1)}\right\}$,

(3) $\left\{x \in \mathbb{N}_0 \mid \phi_x^{(1)} \text{ ist total}\right\}$,

(4) $\left\{x \in \mathbb{N}_0 \mid a \in \operatorname{dom} \phi_x^{(1)}\right\}$, $a \in \mathbb{N}_0$,

(5) $\left\{x \in \mathbb{N}_0 \mid a \in \operatorname{ran} \phi_x^{(1)}\right\}$, $a \in \mathbb{N}_0$.

3.2   Semi-entscheidbare Mengen

Informell ist eine Menge $A \subseteq \mathbb{N}_0^n$ semi-entscheidbar, wenn es einen Algorithmus gibt, der genau für die Elemente $x \in A$ hält. Formal heißt eine Menge $A \subseteq \mathbb{N}_0^n$ *semi-entscheidbar,* wenn A der Definitionsbereich einer partiell-rekursiven Funktion f : $\mathbb{N}_0^n \to \mathbb{N}_0$ ist, d. h. $A = \mathrm{dom}\,(f)$.

Aus der Aufzählung aller n-stelligen partiell-rekursiven Funktionen in (2.17) ergibt sich so eine Auflistung aller semi-entscheidbaren Teilmengen von $\mathbb{N}_0^n$:

$$D_0^{(n)} = \mathrm{dom}\,\phi_0^{(n)}, \quad D_1^{(n)} = \mathrm{dom}\,\phi_1^{(n)}, \quad D_2^{(n)} = \mathrm{dom}\,\phi_2^{(n)}, \ldots . \qquad (3.7)$$

Beispielsweise ist die Menge K semi-entscheidbar, weil die in (3.4) definierte partiell-rekursive Funktion f' die Definitionsmenge K besitzt. Das Halteproblem ist ebenfalls semi-entscheidbar.

Satz 3.5 *Die Menge H ist semi-entscheidbar.*

Beweis. Die universelle Funktion für monadische partiell-rekursive Funktionen hat die Form

$$\psi_{\mathrm{univ}}^{(1)}(x, y) = \begin{cases} \phi_x^{(1)}(y) & \text{falls } y \in \mathrm{dom}\,\phi_x^{(1)}, \\ \uparrow & \text{sonst.} \end{cases} \qquad (3.8)$$

Also gilt $H = \mathrm{dom}\,\psi_{\mathrm{univ}}^{(1)}$.   ∎

Jede entscheidbare Menge ist semi-entscheidbar. Denn jeder entscheidbaren Menge $A \subseteq \mathbb{N}_0^n$ kann die rekursive Funktion $g = \overline{\mathrm{sgn}} \circ \chi_A : \mathbb{N}_0^n \to \mathbb{N}_0$ zugeordnet werden, wobei für alle $x \in \mathbb{N}_0^n$ gilt:

$$g(x) = \begin{cases} 0 & \text{falls } x \in A, \\ 1 & \text{sonst.} \end{cases}$$

Ist P ein URM-Programm zur Berechnung der Funktion g, dann berechnet das URM-Programm $P; (A1)1$ eine partiell-rekursive Funktion $f : \mathbb{N}_0^n \to \mathbb{N}_0$ mit $A = \mathrm{dom}\,(f)$.

Jede semi-entscheidbare Menge $A \subseteq \mathbb{N}_0^n$ kann durch eine *partielle Entscheidungsprozedur* beschrieben werden. Dabei betrachten wir eine der Menge A zugewiesene Funktion $f : \mathbb{N}_0^n \to \mathbb{N}_0$ mit Definitionsbereich A und ein GOTO-Programm P, welches die Funktion f berechnet. Das Programm P hält bei einer Eingabe $x \in \mathbb{N}_0^n$ genau dann, wenn x in der Menge A liegt; ansonsten stoppt das Programm nicht. Beispielsweise lässt sich für die Menge $A = \{0\} \subseteq \mathbb{N}_0$ das schon mehrfach angesprochene URM-Programm $P = (A1)1$ verwenden – die durch dieses Programm gegebene partielle Entscheidungsprozedur hält genau dann, wenn der Wert $x = 0$ eingegeben wird.

Lemma 3.6 *Eine Menge $A \subseteq \mathbb{N}_0^n$ ist genau dann entscheidbar, wenn A und $\bar{A}$ semi-entscheidbar sind.*

Beweis. Sei A entscheidbar. Dann ist $\bar{A}$ gemäß Lemma 2.5 ebenfalls entscheidbar. Nach dem oben Gezeigten sind dann A und $\bar{A}$ semi-entscheidbar.

Umgekehrt seien A und $\bar{A}$ semi-entscheidbar. Dann werden die partiellen Entscheidungsprozeduren für die Mengen A und $\bar{A}$ mit gemeinsamer Eingabe $x \in \mathbb{N}_0^n$ parallel ausgeführt. Eine dieser beiden Prozeduren wird nach endlich vielen Schritten terminieren und somit eine Entscheidung, ob x in A liegt, liefern. Dadurch erhalten wir eine Entscheidungsprozedur für A, d. h. die Menge A ist entscheidbar. ∎

Das Halteproblem ist semi-entscheidbar, aber nicht entscheidbar. Daraus ergibt sich unmittelbar folgende Konsequenz.

Folgerung 3.7 *Das Komplement der Menge H ist nicht semi-entscheidbar.*

Semi-entscheidbare Mengen können in äquivalenter Weise durch rekursiv aufzählbare Mengen beschrieben werden. Der Einfachheit halber beschränken wir uns im Folgenden auf Teilmengen von $\mathbb{N}_0$. Die Menge $\mathbb{N}_0^n$ für $n \geq 1$ kann mithilfe einer Kodierungsfunktion σ_n bijektiv auf die Menge $\mathbb{N}_0$ abgebildet werden. Derartige Kodierungen lassen sich induktiv mit $\sigma_1 = \mathrm{id}_{\mathbb{N}_0}$ wie folgt festlegen:

$$\sigma_n(x_1, \ldots, x_n) = \sigma_2(\sigma_{n-1}(x_1, \ldots, x_{n-1}), x_n), \quad n \geq 2.$$

Eine Menge $A \subseteq \mathbb{N}_0$ heißt *rekursiv aufzählbar*, wenn sie entweder leer ist oder aber der Wertebereich einer rekursiven Funktion. Eine nichtleere rekursiv aufzählbare Menge A ist demnach durch einen *Enumerator* $f : \mathbb{N}_0 \to \mathbb{N}_0$ von A darstellbar, welcher alle Elemente von A auflistet:

$$A = \{f(0), f(1), f(2), \ldots\}. \tag{3.9}$$

Satz 3.8 *Eine Menge $A \subseteq \mathbb{N}_0$ ist genau dann semi-entscheidbar, wenn sie rekursiv aufzählbar ist.*

Wie finden wir einen Enumerator einer nichtleeren semi-entscheidbaren Menge $A \subseteq \mathbb{N}_0$? Es existiert definitionsgemäß eine partiell-rekursive Funktion $\phi_e^{(1)}$ mit $A = \text{dom } \phi_e^{(1)}$. Anhand der Kleene-Menge T_1 und mit festem Wert $a \in A$ erhalten wir die rekursive Funktion

$$f : x \mapsto \begin{cases} \kappa_2(x) & \text{falls } (e, \kappa_2(x), \tau_2(x)) \in T_1, \\ a & \text{sonst,} \end{cases} \tag{3.10}$$

welche den Wertebereich ran $(f) = A$ besitzt.

Die Theorie der semi-entscheidbaren Mengen kulminiert im Satz von Rice-Shapiro (1956), der von Henry G. Rice aufgestellt und von Norman Shapiro bewiesen wurde.

Satz 3.9 *Ist eine semantische Eigenschaft von GOTO-Programmen semi-entscheidbar, dann sind alle Funktionen mit dieser Eigenschaft genau diejenigen Funktionen, die aus endlichen Funktionen mit dieser Eigenschaft erweiterbar sind.*

An das Theorem von Rice anknüpfend, sei $\mathcal{C}$ eine Klasse monadischer partiell-rekursiver Funktionen dergestalt, dass die zugehöriger Indexmenge $I(\mathcal{C}) = \{x \in \mathbb{N}_0 \mid \phi_x^{(1)} \in C\}$ rekursiv aufzählbar ist. Dann besagt der Satz 3.9, dass für jede monadische partiell-rekursive Funktion f gilt:

$$f \in \mathcal{C} \quad \Longleftrightarrow \quad \exists \text{ endliche Funktion } g \in C \text{ mit } g \subseteq f. \tag{3.11}$$

Eine Funktion $g : \mathbb{N}_0 \to \mathbb{N}_0$ ist *endlich,* wenn sie einen endlichen Definitionsbereich besitzt. Die Relation $g \subseteq f$ bedeutet, dass die Funktion f eine *Erweiterung* der Funktion g darstellt; d.h. dom $(g) \subseteq$ dom (f) und $g(x) = f(x)$ für alle $x \in$ dom (g). Der Satz von Rice-Shapiro wird in Anhang B bewiesen. Dort wird auch gezeigt, dass der Satz von Rice einen Spezialfall dieses Satzes darstellt.

In der Praxis wird die Kontraposition des Satzes verwendet, d.h. wenn die Erweiterbarkeitseigenschaft (3.11) nicht gilt, dann ist die semantische Eigenschaft nicht semi-entscheidbar. Als Beispiel betrachten wir die Menge aller totalen berechenbaren Funktionen

$$\mathcal{T} = \left\{ \phi_x^{(1)} \mid \phi_x^{(1)} \text{ total, } x \in \mathbb{N}_0 \right\}.$$

Die zugehörige Indexmenge Tot $= I(\mathcal{T})$ ist nicht semi-entscheidbar, weil endliche Funktionen nicht total sind.

Abb. 3.2 Die Menge K ist rekursiv aufzählbar (r.a.), die Menge $\bar{K}$ jedoch nicht. Im Durchschnitt der r.a. Mengen und ihrer Komplemente liegen die entscheidbaren (dec.) Mengen. Die Menge Tot ist ebenso wie ihr Komplement nicht r.a

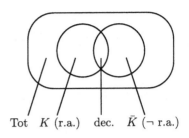

$$\text{Tot} \quad K \text{ (r.a.)} \quad \text{dec.} \quad \bar{K} \text{ (}\neg \text{ r.a.)}$$

Einen Eindruck von den genaueren Verhältnissen zeigt das Schaubild 3.2. In der sogenannten arithmetischen Hierarchie, auch Kleene-Mostowski-Hierarchie genannt, werden die Teilmengen von $\mathbb{N}_0^n$ hinsichtlich der Komplexität ihrer Definition klassifiziert. Die kleinste Klasse ist die Klasse der rekursiven Mengen, die nächstgrößere ist die Klasse der rekursiv aufzählbaren Mengen.

3.3 Rekursionstheorie

In der Rekursionstheorie werden selbstreferenzierende Eigenschaften von berechenbaren Funktionen untersucht.

Zu diesem Zwecke wird für jede partiell-rekursive Funktion $f : \mathbb{N}_0 \to \mathbb{N}_0$ ein *Operator* definiert, der die Folge der monadischen partiell-rekursiven Funktionen (2.17) entsprechend ihrer Indices abbildet:

$$\Phi_f : \left(\phi_e^{(1)}\right)_{e \in \mathbb{N}_0} \mapsto \left(\phi_{f(e)}^{(1)}\right)_{e \in \mathbb{N}_0}, \tag{3.12}$$

wobei im Falle der Undefiniertheit von $f(e)$ die leere Funktion verwendet wird: $\phi_{f(e)}^{(1)} = f_\uparrow$. Damit ergibt sich der folgender Satz von Hartley Rodgers Jr. (1967).

Satz 3.10 (Fixpunktsatz) *Zu jeder monadischen rekursiven Funktion f gibt es einen Index $e \in \mathbb{N}_0$, so dass gilt:*

$$\phi_e^{(1)} = \phi_{f(e)}^{(1)}. \tag{3.13}$$

Der Index e in (3.13) wird als *Fixpunkt* der rekursiven Funktion f bezeichnet.

Mit einer Aufzählung der monadischen partiell-rekursiven Funktionen geht auch eine Auflistung aller semi-entscheidbaren Teilmengen von $\mathbb{N}_0$ nach (3.7) einher.

Deshalb kann der Fixpunktsatz auch dahingehend gedeutet werden, dass es zu jeder monadischen rekursiven Funktion f einen Index $e \in \mathbb{N}_0$ gibt mit der Eigenschaft:

$$D_e^{(1)} = D_{f(e)}^{(1)}, \qquad (3.14)$$

wobei $D_k^{(1)} = \operatorname{dom} \phi_k^{(1)}$ für alle $k \geq 0$.

Beweis. Betrachte die Funktion $g : \mathbb{N}_0^2 \to \mathbb{N}_0$, definiert durch

$$g(x, y) = \begin{cases} \phi_{f(\phi_x^{(1)}(x))}^{(1)}(y) & \text{falls } x \in K, \\ \uparrow & \text{sonst.} \end{cases}$$

Diese Funktion ist wohldefiniert, denn $\phi_{f(\phi_x^{(1)}(x))}^{(1)}$ ist definiert für jedes $x \in K$. Sie ist partiell-rekursiv, denn es gilt:

$$g(x, y) = \phi_{f(\phi_x^{(1)}(x))}^{(1)}(y) \cdot \operatorname{sgn}(\psi_{\text{univ}}^{(1)}(x, x) + 1).$$

Daher existiert eine primitiv-rekursive Funktion $s : \mathbb{N}_0 \to \mathbb{N}_0$ nach dem Smn-Theorem 2.3, so dass für alle $x \in \mathbb{N}_0$ gilt:

$$\phi_{f(\phi_x^{(1)}(x))}^{(1)} = g(x, \cdot) = \phi_{s(x)}^{(1)}.$$

Falls $f(\phi_x^{(1)}(x))$ undefiniert ist, sei $s(x)$ der Index der leeren Funktion. Da die Funktion s berechenbar ist, hat sie einen Index m; d.h. es gibt ein $m \in \mathbb{N}_0$ mit $s = \phi_m^{(1)}$. Setzen wir $x = m$ und $e = \phi_m^{(1)}(m) = s(m)$, dann folgt:

$$\phi_{f(e)}^{(1)} = \phi_{f(\phi_m^{(1)}(m))}^{(1)} = \phi_{s(m)}^{(1)} = \phi_e^{(1)}.$$

∎

Beispielsweise gibt es zur Inkrementfunktion $\nu : \mathbb{N}_0 \to \mathbb{N}_0 : x \mapsto x + 1$ einen Index $e \geq 0$, so dass $\phi_e^{(1)} = \phi_{e+1}^{(1)}$ gilt. Mithin existieren in der Auflistung (2.17) zwei konsekutive Funktionen, die gleich sind.

Als Anwendung zeigen wir, dass es einen Index $e \in \mathbb{N}_0$ mit folgender Eigenschaft gibt:

$$D_e^{(1)} = \{e\}. \qquad (3.15)$$

Der erste Schritt im Beweis besteht darin, zu jedem Index $e \in \mathbb{N}_0$ ein SGOTO-Programm P_e zu konstruieren, das bei der Eingabe $x_1 = e$ hält und sonst ad infinitum weiterläuft. Hier ist ein SGOTO-Programm P_2, das diese Eigenschaft für $x_1 = 2$ besitzt:

$$
\begin{array}{ll}
(0, \text{if } x_1 = 0, 5, 1) & \text{Input } x_1 = 0, \ \text{Unendlichschleife} \\
(1, x_1 \leftarrow x_1 - 1, 2) & \\
(2, \text{if } x_1 = 0, 5, 3) & \text{Input } x_1 = 1, \ \text{Unendlichschleife} \\
(3, x_1 \leftarrow x_1 - 1, 4) & \\
(4, \text{if } x_1 = 0, 6, 5) & \text{Input } x_1 = 2, \ \text{Exit} \\
(5, x_1 \leftarrow x_1 + 1, 5) & \text{Input } x_1 > 2, \ \text{Unendlichschleife}
\end{array}
\tag{3.16}
$$

Definiere die Funktion $f : \mathbb{N}_0 \to \mathbb{N}_0$ durch $f(e) = \rho(P_e)$ für alle $e \in \mathbb{N}_0$, wobei $\rho(P)$ die Gödelnummer des SGOTO-Programms P bezeichnet. Die Funktion f ist primitiv-rekursiv, weil die Kodierung ρ primitiv-rekursiv ist. Es gibt also einen Index $e \in \mathbb{N}_0$ nach dem Fixpunktsatz 3.10, so dass gilt: $D_e^{(1)} = D_{f(e)}^{(1)} = \{e\}$.

Der folgende Satz geht auf Stephen C. Kleene (1952) zurück.

Satz 3.11 (Rekursionssatz) *Zu jeder dyadischen partiell-rekursiven Funktion f gibt es einen Index $e \in \mathbb{N}_0$, so dass gilt:*

$$
\phi_e^{(1)} = f(e, \cdot). \tag{3.17}
$$

Beweis. Sei f eine dyadische partiell-rekursive Funktion. Dann gibt es eine primitiv-rekursive Funktion $s : \mathbb{N}_0 \to \mathbb{N}_0$ nach dem Smn-Theorem 2.3, so dass für alle $x \in \mathbb{N}_0$ gilt:

$$
f(x, \cdot) = \phi_{s(x)}^{(1)}.
$$

Damit existiert ein Index $e \in \mathbb{N}_0$ nach dem Fixpunktsatz 3.10, so dass gilt:

$$
\phi_e^{(1)} = \phi_{s(e)}^{(1)}.
$$

Folglich erhalten wir für alle $y \in \mathbb{N}_0$:

$$
f(e, y) = \phi_{s(e)}^{(1)}(y) = \phi_e^{(1)}(y).
$$

∎

Betrachten wir als Beispiel die Projektionsfunktion $\pi_1^{(2)} : \mathbb{N}_0^2 \to \mathbb{N}_0 : (x, y) \mapsto x$. Es existiert ein Index $e \geq 0$ nach dem Rekursionssatz 3.11, so dass für alle $y \in \mathbb{N}_0$ gilt:

$$\phi_e^{(1)}(y) = \pi_1^{(2)}(e, y) = e.$$

Diese Funktion gibt bei jeder Eingabe ihren eigenen Index aus. Solche Indices werden auch *Quines* genannt. Im Rahmen der Programmierung wird als *Quine* ein Computerprogramm bezeichnet, welches eine Kopie ihres eigenen Quellcodes ausgibt. Die Namensgebung geht auf Douglas Hofstadter (1979) zurück und bezieht sich auf den Philosophen Willard Van Orman Quine, der sich mit dem sogenannten Quinieren beschäftigt hat. Hier ist ein Quine in der Programmiersprache C:

```
#include <stdio.h> int main(){
char*s="#include <stdio.h>%cint main(){%cchar*s=%c%s%c;
%cprintf(s,10,10,34,s,34,10);return 0;}";
printf(s,10,10,34,s,34,10);return 0;}
```

Mithilfe des Rekursionssatzes kann die Unentscheidbarkeit des Halteproblems direkt bewiesen werden. Angenommen, das Komplement des Halteproblems H wäre semi-entscheidbar. Dann gibt es definitionsgemäß eine dyadische partiell-rekursive Funktion f mit der Eigenschaft $\bar{H} = \mathrm{dom}\,(f)$. Ferner existiert ein Index $e \geq 0$ nach dem Rekursionssatz 3.11, so dass $\phi_e^{(1)} = f(e, \cdot)$ gilt. Daher erhalten wir widersprüchlicherweise für jedes $y \in \mathbb{N}_0$:

$$(e, y) \in \bar{H} \iff (e, y) \in \mathrm{dom}\,(f) \iff f(e, y) = \phi_e^{(1)}(y) \text{ definiert} \iff (e, y) \in H.$$

Somit ist $\bar{H}$ nicht semi-entscheidbar und deshalb H nach Lemma 3.6 nicht entscheidbar.

3.4   Wortprobleme

Wortprobleme treten im Bereich der formalen Sprachen als Entscheidungsprobleme auf: Zu vorgelegtem Wort ist festzustellen, ob dieses Wort zu einer gegebenen Sprache gehört oder nicht. Das Wortproblem einer Sprache L ist entscheidbar, wenn die Menge L entscheidbar ist, d. h. die charakteristische Funktion χ_L rekursiv ist. Zu einer entscheidbaren Sprache L gibt es also einen Algorithmus, der darüber befindet, ob ein Wort der Sprache L angehört oder nicht.

Unsere Untersuchungen beziehen sich auf Termersetzungssysteme, die wichtige Anwendungen in Logik, Arithmetik und Linguistik besitzen und nach Axel Thue auch als Semi-Thue-Systeme (1914) bezeichnet werden. Die Unentscheidbarkeit der Semi-Thue-Systeme wurde unabhängig voneinander von Emil Post und Andrey Markov Jr. (1947) gezeigt.

Im Folgenden sei Σ ein Alphabet, d. h. eine nichtleere endliche Menge. Weiter bezeichne Σ^* die Menge aller Wörter über Σ und $\Sigma^+ = \Sigma^* \setminus \{\epsilon\}$ die Menge aller nichtleeren Wörter über Σ.

3.4.1 Semi-Thue-Systeme

Ein *Semi-Thue-System* (STS) ist ein Paar (Σ, R), bestehend aus einem Alphabet Σ und einer dyadischen Relation $R \subseteq \Sigma^+ \times \Sigma^+$. Jedes Paar $(u, v) \in R$ wird *Substitution* genannt und durch $u \rightarrow_R v$ symbolisiert.

In einem STS (Σ, R) ist eine einschrittige Ableitung $\Rightarrow_R$ eine Teilmenge von $\Sigma^+ \times \Sigma^+$. Für beliebige Wörter $s, t \in \Sigma^+$ gilt $s \Rightarrow_R t$ genau dann, wenn Wörter $x, y \in \Sigma^*$ und eine Substitution $u \rightarrow_R v$ existieren, so dass die Zerlegungen $s = xuy$ und $t = xvy$ gelten. Ein Teil des Wortes s wird also gemäß der Substitution $u \rightarrow_R v$ ersetzt und so ein neues Wort t erhalten.

Eine mehrschrittige Ableitung setzt sich aus endlich vielen einschrittigen Ableitungen zusammen. Sei $n \in \mathbb{N}_0$. Eine Ableitung in n Schritten entspricht der n-ten Relationspotenz $\Rightarrow_R^n$, wobei die nullschrittige Ableitung $\Rightarrow_R^0$ die identische Relation darstellt, d. h. bei null Schritten sind jeweils Anfangs- und Endewort identisch, die einschrittige Ableitung $\Rightarrow_R^1$ ist gerade $\Rightarrow_R$ und die $n + 1$-schrittige Ableitung $\Rightarrow_R^{n+1}$ ist durch die Relationskomposition $\Rightarrow_R \circ \Rightarrow_R^n$ definiert. Die Ableitung nach beliebig vielen Schritten ist dann durch die Relation

$$\Rightarrow_R^* = \{(s, t) \in \Sigma^+ \times \Sigma^+ \mid \exists n \in \mathbb{N}_0 : s \Rightarrow_R^n t\} \tag{3.18}$$

gegeben. Dies ist die *reflexiv-transitive Hülle* der Relation $\Rightarrow_R$, d. h. die kleinste reflexive und transitive Relation auf Σ^+, welche die Relation $\Rightarrow_R$ enthält.

Betrachte etwa das STS (Σ, R) mit dem Alphabet $\Sigma = \{a, b\}$ und der Menge von Substitutionen $R = \{(a, aa), (b, bb)\}$. Die Ableitung $ab \Rightarrow_R aab \Rightarrow_R aabb$ zeigt, dass $ab \Rightarrow_R^* aabb$ gilt.

Satz 3.12 *Das Wortproblem für Semi-Thue-Systeme ist unentscheidbar.*

Dabei geht es um die Frage, ob zu gegebenem STS (Σ, R) und zu vorgelegten Wörtern $s, t \in \Sigma^+$ eine Ableitung $s \Rightarrow_R^* t$ existiert oder nicht.

Der Beweis kann durch Reduktion des Halteproblems für GOTO-2-Programme auf das Wortproblem für STS erfolgen. Eine entsprechende Konstruktion ist in Anhang C zu finden.

3.4.2 Thue-Systeme

Thue-Systeme bilden eine Teilklasse der Semi-Thue-Systeme mit weiterhin unentscheidbarem Wortproblem.

Ein *Thue-System* (TS) ist ein STS (Σ, R) mit einer symmetrischen Relation R, d. h. es gilt $u \to_R v$ genau dann, wenn $v \to_R u$.

In einen TS (Σ, R) ist die reflexiv-transitive Hülle $\Rightarrow_R^*$ auch symmetrisch und deshalb eine Äquivalenzrelation auf Σ^+. Darauf werden wir bei den Halbgruppen zurückkommen. In einem TS (Σ, R) besteht also für alle Wörter $s, t \in \Sigma^+$ die Relation $s \Rightarrow_R^* t$ genau dann, wenn die Relation $t \Rightarrow_R^* s$ gilt.

Satz 3.13 *Das Wortproblem für Thue-Systeme ist unentscheidbar.*

Der Beweis kann mithilfe des Lemmas von Post erbracht werden (Anhang C).

3.4.3 Halbgruppen

Das Wortproblem für Thue-Systeme steht in direkter Beziehung zum Wortproblem für Halbgruppen.

Eine *Halbgruppe* ist ein Paar $(S, \cdot)$, bestehend aus einer nichtleeren Menge S und einer inneren dyadischen Operation $\cdot : S \times S \to S$, die assoziativ ist, d. h. für alle $a, b, c \in S$ gilt: $(a \cdot b) \cdot c = a \cdot (b \cdot c)$.

Sei Σ ein Alphabet. Das Paar $(\Sigma^+, \cdot)$ ist eine Halbgruppe mit der Konkatenation von Wörtern als Operation, die auch als freie Halbgruppe über dem Alphabet Σ bezeichnet wird. Beachte, dass die Operation in einer solchen Halbgruppe auch als Juxtaposition $st = s \cdot t$ geschrieben wird.

Jedem Thue-System (Σ, R) lässt sich eine Halbgruppe zuordnen. Dabei haben wir schon erwähnt, dass die Relation $\Rightarrow_R^*$ eine Äquivalenzrelation auf Σ^+ darstellt, d. h. zwei Wörter $s, t \in \Sigma^+$ genau dann äquivalent sind, wenn $s \Rightarrow_R^* t$ gilt. Damit lassen sich wie üblich die zugehörigen Äquivalenzklassen bilden. Die Äquivalenzklasse eines Wortes $s \in \Sigma^+$ ist die Menge aller zu s äquivalenten Wörter, also

$[s] = \{t \in \Sigma^+ \mid s \Rightarrow_R^* t\}$. Die Gleichheit von Äquivalenzklassen kann durch die Äquivalenz der Repräsentanten ausgedrückt werden, d. h. für alle $s, t \in \Sigma^+$ gilt:

$$[s] = [t] \iff s \Rightarrow_R^* t. \tag{3.19}$$

Die Quotientenmenge der Äquivalenzrelation ist durch die Menge aller Äquivalenzklassen gegeben, also $S_{\Sigma,R} = \{[s] \mid s \in \Sigma^+\}$.

Lemma 3.14 *Die Quotientenmenge $S_{\Sigma,R}$ bildet eine Halbgruppe mit der Operation*

$$[s] \cdot [t] = [st], \quad s, t \in \Sigma^+. \tag{3.20}$$

Beweis. Diese Operation ist wohldefiniert. Denn seien $[s] = [s']$ und $[t] = [t']$, wobei $s, s', t, t' \in \Sigma^+$. Dann gilt $s \Rightarrow_R^* s'$ und $t \Rightarrow_R^* t'$ nach (3.19). Somit ergibt sich durch konsekutives Ableiten: $st \Rightarrow_R^* s't \Rightarrow_R^* s't'$, also $[st] = [s't']$ wiederum nach (3.19).

Diese Operation ist assoziativ. Denn für beliebige $r, s, t \in \Sigma^+$ gilt nach (3.20) und der Assoziativität der freien Halbgruppe $(\Sigma^+, \cdot)$: $[r] \cdot ([s] \cdot [t]) = [r] \cdot [st] = [r(st)] = [(rs)t] = [rs] \cdot [t] = ([r] \cdot [s]) \cdot [t]$. ∎

Satz 3.15 *Das Wortproblem für Halbgruppen ist unentscheidbar.*

Gemeint ist das Problem, zu gegebener Halbgruppe S und zu vorgelegten Elementen $s, t \in S$ zu bestimmen, ob $s = t$ gilt.

Beweis. Das Wortproblem in einem Thue-System (Σ, R) entspricht nach (3.19) genau dem Wortproblem in der zugeordneten Halbgruppe $S = S_{\Sigma,R}$. Auf diese Weise wird das Wortproblem für Thue-Systeme auf das für Halbgruppen reduziert. Da es Thue-Systeme mit unentscheidbarem Wortproblem gibt, existieren auch Halbgruppen mit unentscheidbarem Wortproblem. ∎

Abschließend geben wir noch ein Beispiel, wie aus einem Thue-System die zugeordnete Halbgruppe ermittelt werden kann. Wir betrachten hierzu das Thue-System (Σ, R) mit dem Alphabet $\Sigma = \{a, b\}$ und den Substitutionen $ab \rightarrow_R ba$, $bb \rightarrow_R b$, $aaa \rightarrow_R a$ sowie den umgekehrten Substitutionen $ba \rightarrow_R ab$, $b \rightarrow_R bb$, $a \rightarrow_R aaa$. Jedes Wort über Σ kann in der Form $a^{i_1} b^{j_1} \ldots a^{i_n} b^{j_n}$ mit $n \geq 0$, $i_k \geq 0$ und $j_k \geq 0$ geschrieben werden. Ein solches Wort lässt sich anhand der Substitution $ba \rightarrow_R ab$ in das Wort $a^{i_1 + \cdots + i_n} b^{j_1 + \cdots + j_n}$ überführen und schließlich vermöge der übrigen Substitutionen in ein Wort der Form $a^k b^l$ mit $k = 0, 1, 2$ und $l = 0, 1$ transformieren. Somit besteht die Halbgruppe $S = S_{\Sigma,R}$ aus den Elementen $[a], [aa], [b], [ab], [aab]$. Sie besitzt folgende Verknüpfungstafel:

	$[a]$	$[aa]$	$[b]$	$[ab]$	$[aab]$
$[a]$	$[aa]$	$[a]$	$[ab]$	$[aab]$	$[ab]$
$[aa]$	$[a]$	$[aa]$	$[aab]$	$[ab]$	$[aab]$
$[b]$	$[ab]$	$[aab]$	$[b]$	$[ab]$	$[aab]$
$[ab]$	$[aab]$	$[ab]$	$[ab]$	$[aab]$	$[ab]$
$[aab]$	$[ab]$	$[aab]$	$[aab]$	$[ab]$	$[aab]$

Beispielsweise haben wir $[ab] \cdot [aab] = [ab]$, denn es gilt: $ab\,aab \Rightarrow_R aabab \Rightarrow_R aaabb \Rightarrow_R abb \Rightarrow_R ab$, mithin $ab\,aab \Rightarrow_R^* ab$. Schließlich sei noch erwählt, dass diese Halbgruppe aufgrund der Substitutionen $ab \to_R ba$ und $ba \to_R ab$ kommutativ ist, d. h. für alle $s, t \in S$ gilt: $s \cdot t = t \cdot s$.

Historie und Zusammenfassung

4

Unter einem Algorithmus wird eine aus endlich vielen, wohldefinierten Einzelschritten bestehende Handlungsvorschrift zur Lösung eines Problems verstanden. Diese Bezeichnung erinnert an den persischen Rechenmeister al-Chwarizmi (um 825). Allerdings reicht die Verwendung von Rechenverfahren mindestens bis Euklid (um 300 v.Chr.) zurück – in der Zahlentheorie spielt Euklids Algorithmus eine wichtige Rolle. Mit der *Ars magna* des Spaniers Ramon Lullus (um 1300) ging die Idee einher, Begriffe und Prozesse mechanisch so zu kombinieren, dass diese zu neuen Erkenntnissen führen sollten. Dieses Frühwerk der Logik hatte Einfluss auf spätere Arbeiten u. a. auf Cardano (1545), der für die Lösungsformeln kubischer Gleichungen bekannt wurde, Descartes (1596–1650), der sich mit rechnerischen Lösungen geometrischer Probleme beschäftigte, und Leibniz (1646–1716), der von Erzeugungs- und Entscheidungsverfahren sprach und eine der ersten Rechenmaschinen baute.

In der Logik des Altertums und der traditionellen Logik bis ins 19. Jahrhundert standen die von Aristoteles entwickelten Syllogismen im Zentrum, einer Anhäufung bestimmter logischer Schlüsse. Die Entwicklung der modernen Logik geht auf die Arbeiten von George Boole (1815–1864) und Gottlob Frege (1848–1925) zurück. Während Boole für die nach ihm benannte boolesche Algebra bekannt wurde, hat sich Frege als einer der Ersten mit formalen Sprachen und Beweisen befasst. Erwähnenswert ist auch die Arbeit von Guiseppe Peano (1858–1932), der eine Axiomatik der natürlichen Zahlen konzipierte. Ihren Höhepunkt fanden diese Entfaltungen in dem großartigen Werk *Principia Mathematica* von Bertrand Russel und Alfred North Whitehead (drei Bände, 1910–1913), in welchem aufgezeigt wurde, dass sich weite Teile der Mathematik aus Axiomen und Schlussregeln ableiten lassen. Im weiteren Verlauf gelang es Kurt Gödel (1906–1978) die Vollständigkeit der Prädikatenlogik erster Stufe zu beweisen, sodass die syntaktische und semantische Ebene letztlich bedeutungsgleich sind.

© Der/die Herausgeber bzw. der/die Autor(en), exklusiv lizenziert durch Springer   47
Fachmedien Wiesbaden GmbH, ein Teil von Springer Nature 2020
K. Zimmermann, *Berechenbarkeit*, essentials,
https://doi.org/10.1007/978-3-658-31739-3_4

Allerdings lässt sich dieser Vollständigkeitssatz nicht auf die Prädikatenlogik zweiter Stufe übertragen. Des Weiteren hat Gödel (1931) in seinen Unvollständigkeitssätzen gezeigt, dass es in hinreichend reichhaltigen logischen Systemen, wie etwa der Arithmetik, Aussagen gibt, die sich weder formal beweisen noch widerlegen lassen. Damit gibt es kein Rechenverfahren, um von einer Aussage in solchen Systemen zu entscheiden, ob sie in endlich vielen Schritten aus den Axiomen herleitbar ist. Die Nichtexistenz eines Algorithmus erfordert eine Argumentation über *alle* denkbaren Algorithmen. Hier war also eine Präzisierung des Begriffs der Berechenbarkeit gefragt.

Der Ursprung der rekursiven Berechnung ist in den Arbeiten von Richard Dedekind (1831–1916) zu finden. In seinen Untersuchungen spielen die primitivrekursiven Funktionen eine wichtige Rolle. Gödel benutzte in seinen Arbeiten primitiv-rekursive Funktionen, stellte allerdings fest, dass nicht alle effektiv berechenbaren Funktionen primitiv-rekursiv sind und schlug deshalb eine größere Klasse von Funktionen vor, letztendlich die partiell-rekursiven Funktionen. Alan Turing (1912–1954) formulierte die Ergebnisse von Gödel neu. Er erfand die Turingmaschine, bewies die Existenz universeller Turingmaschinen und die Unentscheidbarkeit des Halteproblems (1936). Alonzo Church (1903–1995) und Turing erkannten, dass das Lambda-Kalkül und die Turingmaschine in ihrer Leistungsfähigkeit gleichwertig waren. Die Entwicklung weiterer Algorithmenbegriffe und Rechenmodelle, die hinsichtlich ihrer Performanz die Turingmaschine allesamt nicht übertrafen, kulminierten schließlich in der Church-Turing-These: Die intuitiv berechenbaren Funktionen sind genau die Turing-berechenbaren Funktionen.

In der Folge wurden weitere wichtige Entscheidungsprobleme negativ beantwortet. Dazu zählen unter anderem das Korrespondenz-Problem von Emil Post (1897–1954), das häufig als Ausgangspunkt für reduktive Unentscheidbarkeitsbeweise dient, das zum Wortproblem für Halbgruppen analoge Wortproblem für Gruppen nach Pyotr Novikov und William Boone (1958) sowie David Hilberts zehntes Problem über die Lösbarkeit von diophantischen Gleichungen nach Untersuchungen von Juri Matiyasevic (1970). Wer tiefer in diese Problematik eintauchen möchte, findet auf den englischsprachigen Wikipedia-Seiten eine umfangreiche Liste von unentscheidbaren Problemen.

Das vorliegende *essential* sollte den Lesern einen Einblick in die Theorie der Berechenbarkeit verschaffen. Informatikerinnen und Informatiker müssen die Grundzüge der Berechenbarkeit beherrschen. Auch im Bereich der Forschung ist die Berechenbarkeitstheorie weiterhin ein hochinteressantes Feld.

Halten Sie Abstand, tragen Sie wenn nötig eine Maske und bleiben Sie gesund!

Was Sie aus diesem *essential* mitnehmen können

Es gibt ganz unterschiedliche formale Modelle der Berechenbarkeit, etwa basierend auf einer unbeschränkten Registermaschine, GOTO-Programmen oder partiell-rekursiven Funktionen, die allesamt semantisch gleichwertig sind. Die Gleichrangigkeit aller Präzisierungen des Begriffs der Berechenbarkeit wird durch die Church-Turing-These beschrieben.

Die primitiv-rekursiven Funktionen konstituieren eine Teilklasse der partiell-rekursiven Funktionen und besitzen in den LOOP-Programmen ein eigenständiges Programmiermodell. Primitiv-rekursive Funktionen können durch beschränkte Suchprozesse berechnet werden, während die bei partiell-rekursiven Funktionen zum Einsatz kommende Minimalisierung einen unbeschränkten Suchprozess beschreibt. Die Ackermannfunktion manifestiert den Unterschied zwischen primitiv-rekursiven und partiell-rekursiven Funktionen. Diese Funktion ist total und berechenbar, aber sie wächst schneller als jede primitiv-rekursive Funktion.

Im Fokus der Berechenbarkeitstheorie steht auch die Behandlung von Entscheidungsproblemen. Prominente Beispiele aus der Informatik, wie etwa das Halteproblem und das Wortproblem für Termersetzungssysteme, sind unentscheidbar. Nach einem Satz von Rice sind sogar alle nichttrivialen semantischen Eigenschaften von Programmen unentscheidbar. Wesentliche Instrumente bei Unentscheidbarkeitsbeweisen sind die Verfahren der Diagonalisierung und Reduktion.

Es gibt Abstufungen im Bereich der Unentscheidbarkeit. Das Halteproblem erweist sich zumindest als semi-entscheidbar, d. h. es gibt eine partielle Entscheidungsprozedur, die wenigstens den affirmativen Fall bestätigen kann. Die semi-entscheidbaren Mengen entsprechen genau den rekursiv aufzählbaren Mengen – dies sind im nichtleeren Fall Mengen, die durch rekursive Funktionen aufgelistet werden können. Der Satz von Rice-Shapiro beschreibt eine notwendige Bedingung für die Semi-Entscheidbarkeit von semantischen Programmeigenschaften. Dabei wird klar, dass etwa die Klasse der totalen berechenbaren Funktionen nicht semi-entscheidbar ist.

K. Zimmermann, *Berechenbarkeit*, essentials, https://doi.org/10.1007/978-3-658-31739-3

GOTO-2-Programme

In diesem Anhang wird kurz die Umsetzung von URM-Programmen in GOTO-2-Programme erläutert. Die Zuordnung $P \mapsto \bar{P}$ zwischen URM- und GOTO-2-Programmen in (1.30) wird anhand des induktiven Aufbaus der Klasse der URM-Programme definiert. Hierbei kommen Flussdiagramme zur Vereinfachung der Schreibweise zum Einsatz.

Zuerst werden drei grundlegende GOTO-2-Programme eingeführt. Für alle $k, x \in \mathbb{N}_0$ seien

$$|M(k)|(0, x) = (0, k \cdot x), \tag{A.1}$$

$$|D(k)|(0, k \cdot x) = (0, x), \tag{A.2}$$

$$|T(k)|(0, x) = \begin{cases} (1, x) & \text{falls } k \text{ Teiler von } x, \\ (0, x) & \text{sonst.} \end{cases} \tag{A.3}$$

Das GOTO-2-Programm $\overline{Ai}$ entspricht dem folgenden Flussdiagramm:

Dabei wird der Zustand $\omega = (\omega_0, \ldots, \omega_i, \ldots)$ dem Zustand $\omega' = (\omega_0, \ldots, \omega_i + 1, \ldots)$ zugeordnet, denn $M(p_i)$ bildet $(0, p_0^{\omega_0} \cdots p_i^{\omega_i} \cdots)$ auf $(0, p_0^{\omega_0} \cdots p_i^{\omega_i + 1} \cdots)$ ab.

Das GOTO-2-Programm $\overline{Si}$ ist gegeben vermöge des Flussdiagramms

© Der/die Herausgeber bzw. der/die Autor(en), exklusiv lizenziert durch Springer Fachmedien Wiesbaden GmbH, ein Teil von Springer Nature 2020
K. Zimmermann, *Berechenbarkeit*, essentials,
https://doi.org/10.1007/978-3-658-31739-3

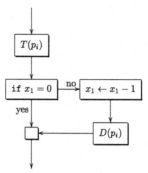

Hierbei wird der Zustand $\omega = (\omega_0, \ldots, \omega_i, \ldots)$ auf $\omega' = (\omega_0, \ldots, \omega_i \overset{\cdot}{-} 1, \ldots)$ abgebildet.

Das GOTO-2-Programm $\overline{P_1; P_2}$ entspricht im Flussdiagramm dem Hintereinanderschalten der beiden Programme:

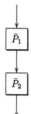

Das GOTO-2-Programm $\overline{(P)i}$ wird durch das folgende Flussdiagramm repräsentiert:

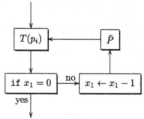

In der Schleife wird das Programm $\bar{P}$ solange ausgeführt, bis das Register R_i Null ist.

Beispielsweise wird das URM-Programm zur Addition zweier Zahlen $P_+ = (A1; S2)2$ anhand obiger Kodierung in das folgende GOTO-2-Programm $\bar{P}_+$ übersetzt:

$0 : T(p_2)$
$1 : \text{if } x_1 = 0 \text{ goto } 9$
$2 : x_1 \leftarrow x_1 - 1$
$3 : M(p_1)$
$4 : T(p_2)$
$5 : \text{if } x_1 = 0 \text{ goto } 8$
$6 : x_1 \leftarrow x_1 - 1$
$7 : D(p_2)$
$8 : \text{goto } 0$
$9 :$

Sätze von Rice und Rice-Shapiro   B

In diesem Appendix werden die Sätze von Rice und Rice-Shapiro bewiesen.

Satz B.1 (Rice-Shapiro) *Sei C eine Klasse von monadischen partiell-rekursiven Funktionen. Ist die zugehörige Indexmenge $I(C) = \{x \in \mathbb{N}_0 \mid \phi_x^{(1)} \in C\}$ rekursiv aufzählbar, dann gilt für jede monadische partiell-rekursive Funktion f:*

$$f \in C \iff \exists \text{ endliche Funktion } g \in C \text{ mit } g \subseteq f. \tag{B.1}$$

Im Beweis wird die Kontraposition gezeigt, d. h. wenn die Bedingung (B.1) nicht erfüllt ist, dann erweist sich $I(C)$ als nicht rekursiv aufzählbar bzw. semi-entscheidbar.

Beweis. Sei f eine monadische partiell-rekursive Funktion, die in C liegt. Angenommen, keine endliche Funktion g mit $g \subseteq f$ läge in C. Wir betrachten die Menge K, die wissentlich semi-entscheidbar ist und daher einen Index e besitzt, d. h. es gibt eine partiell-rekursive Funktion $\phi_e^{(1)}$ mit dem Definitionsbereich K. Definiere die Funktion

$$g : (z, t) \mapsto \begin{cases} \uparrow & \text{falls } P_e \text{ die Ausgabe } \phi_e^{(1)}(z) \text{ in } \leq t \text{ Schritten berechnet,} \\ f(t) & \text{sonst.} \end{cases} \tag{B.2}$$

Diese Funktion erweist sich offenbar als partiell-rekursiv. Somit gibt es nach dem Smn-Theorem 2.3 eine monadische rekursive Funktion s mit

$$g(z, t) = \phi_{s(z)}^{(1)}(t), \quad t, z \in \mathbb{N}_0. \tag{B.3}$$

Folglich gilt $\phi_{s(z)}^{(1)} \subseteq f$ für alle $z \in \mathbb{N}_0$. Es ergeben sich zwei Fälle:

- Falls $z \in K$, dann hält das Programm P_e mit der Eingabe z nach $t_0 \geq 0$ Schritten. Daher gilt:

$$\phi_{s(z)}^{(1)}(t) = \begin{cases} \uparrow & \text{falls } t_0 \leq t, \\ f(t) & \text{sonst.} \end{cases} \tag{B.4}$$

  Also ist die Funktion $\phi_{s(z)}^{(1)}$ endlich und gehört somit nach Voraussetzung nicht zu $\mathcal{C}$.
- Anderfalls hält das Programm P_e mit der Eingabe z nicht und es gilt $\phi_{s(z)} = f$, d.h. $\phi_{s(z)}^{(1)} \in \mathcal{C}$.

Folglich reduziert die Smn-Funktion s die nicht semi-entscheidbare Menge $\bar{K}$ auf die Menge $I(\mathcal{C})$. Daher ist $I(\mathcal{C})$ nicht semi-entscheidbar.

Umgekehrt sei f eine monadische partiell-rekursive Funktion, die nicht zu $\mathcal{C}$ gehört, und g eine endliche Funktion in $\mathcal{C}$ mit $g \subseteq f$. Definiere die Funktion

$$h : (z, t) \mapsto \begin{cases} f(t) & \text{falls } t \in \text{dom}(g) \text{ oder } z \in K, \\ \uparrow & \text{sonst.} \end{cases} \tag{B.5}$$

Diese Funktion ist offensichtlich partiell-rekursiv. Daher gibt es nach dem Smn-Theorem 2.3 eine monadische rekursive Funktion s mit

$$h(z, t) = \phi_{s(z)}^{(1)}(t), \quad t, z \in \mathbb{N}_0. \tag{B.6}$$

Betrachte zwei Fälle:

- Falls $z \in K$, dann ist $\phi_{s(z)}^{(1)} = f$ and somit $\phi_{s(z)} \notin \mathcal{C}$.
- Andernfalls gilt $\phi_{s(z)}^{(1)}(t) = g(t)$ für alle $t \in \text{dom}(g)$ und $\phi_{s(z)}^{(1)}$ ist undefiniert sonst. Daher gilt $\phi_{s(z)}^{(1)} \in \mathcal{C}$.

Somit reduziert die Smn-Funktion s die nicht semi-entscheidbare Menge $\bar{K}$ auf die Menge $I(\mathcal{C})$. Folglich ist $I(\mathcal{C})$ nicht semi-entscheidbar. ∎

Der Satz von Rice ist eine Konsequenz des Satzes von Rice-Shapiro. In unserer Formulierung des Satzes greifen wir auf seine Kontraposition zurück.

Satz B.2 (Rice) *Sei $\mathcal{C}$ eine Menge von monadischen partiell-rekursiven Funktionen. Ist $I(\mathcal{C})$ entscheidbar, dann ist $\mathcal{C}$ trivial, d.h. $\mathcal{C}$ ist entweder leer oder gleich der Menge aller monadischen partiell-rekursiven Funktionen.*

Beweis. Sei $I(\mathcal{C})$ entscheidbar. Dann sind nach Lemma 2.5 sowohl $I(\mathcal{C})$ als auch $\overline{I(\mathcal{C})}$ semi-entscheidbar. Deshalb kann ohne Beschränkung der Allgemeinheit angenommen werden, dass die leere Funktion $f_\uparrow$ in $\mathcal{C}$ liegt.

Sei h eine monadische partiell-rekursive Funktion. Es ist klar, dass die Funktion h wegen $\text{dom}\,(f_\uparrow) = \emptyset$ eine Erweiterung der leeren Funktion $f_\uparrow$ ist, d. h. $f_\uparrow \subseteq h$. Also liegt h nach Rice-Shaprio in $\mathcal{C}$. Somit ist $\mathcal{C}$ gleich der Menge aller monadischen partiell-rekursiven Funktionen. ∎

Semi-Thue- und Thue-Systeme

C

Dieser Anhang setzt sich aus zwei Teilen zusammen. Zuerst wird die Unentscheidbarkeit des Wortproblems für Semi-Thue-Systeme gezeigt. Anschließend wird daraus anhand des Lemmas von Post die Unentscheidbarkeit des Wortproblems für Thue-Systeme deduziert.

Im Folgenden betrachten wir ein SGOTO-2-Programm $P = s_0; s_1; \ldots; s_{n-1}$ mit n Instruktionen. Nach Definition hat der Befehl s_l die Instruktionsmarke l, $0 \leq l \leq n - 1$. Es kann angenommen werden, dass die Marke n die einzige Marke im Programm ist, die zur Terminierung des Programms führt.

Eine Konfiguration der Zwei-Registermaschine wird durch ein Tripel (j, x_1, x_2) beschrieben, wobei j die Marke des aktuell auszuführenden Befehls darstellt und x_i den Inhalt des Registers R_i, $i = 1, 2$, angibt. Damit Konfigurationen durch ein endliches Alphabet beschrieben werden können, werden die natürlichen Zahlen in einem unären Format kodiert, d. h. jede Zahl $x \in \mathbb{N}_0$ wird durch eine entsprechende Folge von L's symbolisiert:

$$x^L = \underbrace{LL \ldots L}_{x}. \tag{C.1}$$

Auf diese Weise wird die Konfiguration (j, x_1, x_2) einer Zwei-Registermaschine durch das folgende Wort über dem Alphabet $\Sigma = \{a, b, 0, 1, 2, \ldots, n - 1, n, L\}$ repräsentiert:

$$a x_1^L j x_2^L b. \tag{C.2}$$

Wir betrachten ein STS (Σ, R_P), in welchem die Wirkung der GOTO-Befehle durch Substitutionen beschrieben werden:

© Der/die Herausgeber bzw. der/die Autor(en), exklusiv lizenziert durch Springer
Fachmedien Wiesbaden GmbH, ein Teil von Springer Nature 2020
K. Zimmermann, *Berechenbarkeit*, essentials,
https://doi.org/10.1007/978-3-658-31739-3

GOTO-2-Befehle	Substitutionen	
$(j, x_1 \leftarrow x_1 + 1, k)$	(j, Lk)	
$(j, x_2 \leftarrow x_2 + 1, k)$	(j, kL)	
$(j, x_1 \leftarrow x_1 - 1, k)$	(Lj, k), (aj, ak)	(C.3)
$(j, x_2 \leftarrow x_2 - 1, k)$	(jL, k), (jb, kb)	
$(j, \mathtt{if} \;\; x_1 = 0, k, l)$	(Lj, Ll), (aj, ak)	
$(j, \mathtt{if} \;\; x_2 = 0, k, l)$	(jL, lL), (jb, kb)	

Ferner gibt es zwei Substitutionen, die im Falle einer Terminierung des Programms das erreichte Wort weiter verkürzen: (Ln, n) und (anL, an).

Aus der Definition des Semi-Thue-Systems (Σ, R_P) folgt, dass bei Ausführung des SGOTO-2-Programms P die Konfiguration (j, x_1, x_2) mit $j < n$ genau dann in die Konfiguration (k, y_1, y_2) übergeführt wird, wenn im STS (Σ, R_P) die Ableitung $ax_1^L jx_2^L b \Rightarrow^*_{R_P} ay_1^L ky_2^L b$ existiert. Wenn das SGOTO-2-Programm terminiert, also eine Konfiguration (n, x_1, x_2) erreicht wird, dann wird im STS aus dem Wort $ax_1^L nx_2^L b$ das Wort anb durch Anwendung der zusätzlichen Substitutionen herbeigeführt.

Damit ist klar, dass ein SGOTO-2-Programm P mit n Instruktionen wie oben angegeben und gestartet in der Konfiguration $(0, x_1, x_2)$ genau dann hält, wenn im zugehörigen STS die Ableitung $ax_1^L jx_2^L b \Rightarrow^*_{R_P} anb$ existiert. Diese Reduktion des Halteproblems für SGOTO-2-Programme auf das Wortproblem für Semi-Thue-System zeigt, dass das Wortproblem für Semi-Thue-Systeme unentscheidbar ist.

Betrachten wir etwa das SGOTO-2-Programm P_+ für die Addition zweier Zahlen in (1.25). Das zugeordnete STS über dem Alphabet $\Sigma = \{a, b, 0, 1, 2, 3, L\}$ besitzt die folgenden, den Instruktionen zugeordneten Substitutionen:

Instruktion	Substitution
$(0, \mathtt{if}\; x_2 = 0, 3, 1)$	$(0L, 1L)$, $(0b, 3b)$,
$(1, x_1 \leftarrow x_1 + 1, 2)$	$(1, L2)$,
$(2, x_2 \leftarrow x_2 - 1, 0)$	$(2L, 0)$, $(2b, 0b)$,
	$(L3, 3)$, $(a3L, a3)$.

Eine Beispielrechnung mit den Anfangswerten $x_1 = 3$ und $x_2 = 2$ liefert folgende Zuordnung:

SGOTO-2-Instruktion	Konfiguration	Ableitung
$(0, \text{if } x_2 = 0, 3, 1)$	$(0, 3, 2)$	$aLLL0LLb$
$(1, x_1 \leftarrow x_1 + 1, 2)$	$(1, 3, 2)$	$aLLL1LLb$
$(2, x_2 \leftarrow x_2 - 1, 0)$	$(2, 4, 2)$	$aLLLL2LLb$
$(0, \text{if } x_2 = 0, 3, 1)$	$(0, 4, 1)$	$aLLLL0Lb$
$(1, x_1 \leftarrow x_1 + 1, 2)$	$(1, 4, 1)$	$aLLLL1Lb$
$(2, x_2 \leftarrow x_2 - 1, 0)$	$(2, 5, 1)$	$aLLLLL2Lb$
$(0, \text{if } x_2 = 0, 3, 1)$	$(0, 5, 0)$	$aLLLLL0b$
	$(3, 5, 0)$	$aLLLLL3b$
		$aLLLL3b$
		$aLLL3b$
		$aLL3b$
		$aL3b$
		$a3b$

Im zweiten Teil wird die Unentscheidbarkeit von Thue-Systemen erörtert. Zunächst sei angemerkt, dass jedem STS (Σ, R) ein TS $(\Sigma, R^{(s)})$ mit symmetrischer Substitutionsmenge durch die Setzung $R^{(s)} = R \cup R^{-1}$ geordnet werden kann, wobei $R^{-1} = \{(v, u) \mid (u, v) \in R\}$ die inverse Relation von R ist.

Allgemein gilt, dass in einem TS $(\Sigma, R^{(s)})$ aufgrund der Inklusion $R \subseteq R^{(s)}$ Ableitungen $s \Rightarrow^*_{R^{(s)}} t$ möglich sind, die im zugeordneten STS (Σ, R) nicht notwendig existieren.

Betrachten wir etwa das STS (Σ, R) mit dem Alphabet $\Sigma = \{a, b\}$ und der Substutitionsmenge $R = \{(ab, a), (ba, b)\}$. Dann hat das assoziierte TS $(\Sigma, R^{(s)})$ die Ersetzungsmenge $R^{(s)} = R \cup \{(a, ab), (b, ba)\}$. Im obigen STS werden die Wörter aufgrund der Substitutionen in jedem Ableitungsschritt um Eins kürzer; es gilt etwa: $baab \Rightarrow_R bab \Rightarrow_R ba \Rightarrow_R b$. Dies ist im beigeordneten TS nicht notwendig der Fall, denn hier gilt etwa: $baab \Rightarrow_{R^{(s)}} bab \Rightarrow_{R^{(s)}} baba$. Während also im TS die Ableitung $baab \Rightarrow^*_{R^{(s)}} baba$ existiert, ist im STS weder $baab \stackrel{*}{\Rightarrow}_R baba$ noch $baba \stackrel{*}{\Rightarrow}_R baab$ machbar.

Eine Ausnahme von dieser Situation bildet das oben bereits konstruierte STS.

Satz B.1 (Lemma von Post) *Sei P ein SGOTO-2-Programm mit n Befehlen wie oben angeführt. Bezeichne (Σ, R_P) das zugehörige STS und $(\Sigma, R_P^{(s)})$ das beigeordnete TS. Dann gilt für jede Konfiguration (j, x_1, x_2) von P:*

$$ax_1^L j x_2^L b \Rightarrow^*_{R_P} anb \quad \Longleftrightarrow \quad ax_1^L j x_2^L b \Rightarrow^*_{R_P^{(s)}} anb. \qquad (C.4)$$

Beweis. Jede Ableitung im STS (Σ, R_P) ist auch eine Ableitung im zugeordneten TS $(\Sigma, R_P^{(s)})$, denn es gilt: $R_P \subseteq R_P^{(s)}$.

Wenden wir uns nun der Umkehrung zu. Sei (j, x_1, x_2) eine Konfiguration von P mit

$$ax_1^L j x_2^L b \Rightarrow^*_{R_P^{(s)}} anb. \tag{C.5}$$

Dann gibt es eine Ableitung

$$t_0 = ax_1^L j x_2^L b \Rightarrow_{R_P^{(s)}} t_1 \Rightarrow_{R_P^{(s)}} \ldots \Rightarrow_{R_P^{(s)}} t_q = anb. \tag{C.6}$$

Wir können annehmen, dass diese Ableitung minimale Länge hat. Angenommen, diese Ableitung wäre im STS (Σ, R_P) nicht möglich, d. h. die obige Ableitung enthielte einen Schritt $t_p \Leftarrow_{R_P} t_{p+1}$, $0 \le p \le q - 1$. Der Index p kann maximal gewählt werden. Da kein Ableitungsschritt auf das Wort $t_q = anb$ anwendbar ist, muss $p + 1 < q$ gelten. Dies führt zu folgender Situation:

$$t_p \Leftarrow_{R_P} t_{p+1} \Rightarrow_{R_P} t_{p+2}. \tag{C.7}$$

Das Wort t_{p+1} kodiert aber eine Konfiguration von P, weshalb nach der Festlegung (C.3) höchstens eine Substitution darauf anwendbar ist. D. h. wenn $t_{p+1} = ax_1^L j x_2^L b$, dann ist die anwendbare Regel durch die Instruktion s_j und die momentane Konfiguration (j, x_1, x_2) eindeutig festgelegt. Daher müssen die Wörter t_p und t_{p+2} identisch sein. Somit kann die Ableitung (C.6) widersprüchlicherweise nicht minimal sein. ∎

Das Lemma von Post liefert eine effektive Reduktion des Wortproblems für Semi-Thue-Systeme auf das Wortproblem für Thue-Systeme. Da es Semi-Thue-Systeme mit unentscheidbarem Wortproblem gibt, existieren auch Thue-Systeme mit unentscheidbarem Wortproblem.

Literatur

1. Baader, F., & Nipkow, T. (1999). *Term rewriting and all that*. Cambridge: Cambridge Univ. Press.
2. Becker, M., & Strehl, V. (1983). Berechenbarkeit. Techn. Report, Erlangen.
3. Beutelspacher, A. (1995). *Das ist o. B. d. A. trivial!* 3. Aufl. Braunschweig: Vieweg.
4. Dyson, G. (2012). *Turings Kathedrale*. Berlin: Ullstein.
5. Enderton, H. B. (2011). *Computability theory*. Amsterdam: Elsevier.
6. Hermes, H. (1978). *Aufzählbarkeit, Entscheidbarkeit, Berechenbarkeit* (3. Aufl.). Berlin: Heidelberger Taschenbücher.
7. Hofstadter, D. R. (2008). *Gödel, Escher, Bach: Ein endloses geflochtenes Band* (18. Aufl.). Stuttgart: Klett-Cotta.
8. Hopcraft, J. E., & Ullman, J. D. (1979). *Introduction to automata theory, languages, and computation*. New York: Addison Wesley.
9. Matiyasevich, Y. (1993). *Hilbert's tenth problem*. Boston: MIT Press.
10. Pour-El, M. B., & Richards, J. I. (1989). *Computability in analysis and physics*. New York: Springer.
11. Rogers, H, Jr. (1987). *Theory of recursive functions and effective computation*. Boston: MIT Press.
12. Schöning, U. (2008). *Theoretische Informatik – kurz gefasst*. Heidelberg: Spektrum.
13. Zimmermann, K. H. (2020). *Computability theory*. Techn. Report, Hamburg.

© Der/die Herausgeber bzw. der/die Autor(en), exklusiv lizenziert durch Springer Fachmedien Wiesbaden GmbH, ein Teil von Springer Nature 2020
K. Zimmermann, *Berechenbarkeit*, essentials,
https://doi.org/10.1007/978-3-658-31739-3

Stichwortverzeichnis

A

Ableitung
  einschrittige, 43
  mehrschrittige, 43
Ackermann, Wilhelm, 9
Ackermannfunktion, 9, 18
Alphabet, 43
Äquivalenzklasse, 44
Äquivalenzrelation, 44
Assoziativität, 5, 44, 45
Ausgabefunktion, 6, 15

B

Basisfunktion, 7
Befehlszähler, 14

C

Cantor, Georg, 4, 10
Cantors Paarungsfunktion, 19
Church, Alonso, 17
Church-Turing-These, 17
Cosignum-Funktion, 27
Currying, 25

D

Dedekind, Richard, 8

Dekrementation, 3
Diagonalverfahren, 10, 32, 34
Differenz, asymmetrische, 3

E

Eingabefunktion, 6, 15
Einschrittfunktion, 14
Einsetzung, 8
Entscheidungsprozedur, 31
  partielle, 36
Enumerator, 37
Erweiterung, 38
Exponentenfunktion, 3

F

fast überall, 2
Fixpunkt, 39
Fixpunktsatz, 39
Fünf-Schema, 8
Funktion
  charakteristische, 26
  endliche, 38
  GOTO-berechenbare, 15
  identische, 8
  leere, 7
  partiell-rekursive, 12

partielle, 3
primitiv-rekursive, 8
rekursive, 12
totale, 3
universelle, 26
URM-berechenbare, 6

G
Gödel, Kurt, 19
Gödelisierung, 19
Gödelnummer, 19, 21, 23, 24
GOTO-2-Programm, 44, 51
GOTO-Programm, 13
standardisiertes, 14

H
Halbgruppe, 44
freie, 44
Halteproblem, 33, 42
Hierarchie, arithmetische, 39
Hilbert, David, 9
Hofstadter, Douglas, 42
Hülle, 43
Hypercomputer, 18

I
Index, 24
Inkrementation, 3
Iteration, 5

K
Klasse, 1
Kleene-Menge, 28
erweiterte, 27
Kleene, Stephen C., 24, 26, 41
Knuth, Donald E., 10
Kommutativität, 46
Konfiguration, 14
Kontinuumshypothese, 4

L
Längenfunktion, 22

Laufzeitfunktion, 15
Lemma von Post, 44
LOOP-Programm, 8

M
Markov Jr., Andrey, 43
Mehrschrittfunktion, 15
Menge
entscheidbare, 31
primitive, 27
rekursiv aufzählbare, 37
rekursive, 27
semi-entscheidbare, 36
unentscheidbare, 31
Meyer, Albert R., 8
Minimalisierung, 11

N
Nachfolgerfunktion, 7
Normalform, 26
Nullfunktion, 7

O
Operator, 39
Orman Quine van, Willard, 42

P
Parametrisierungssatz, 24
Peter, Rozsa, 9
Post, Emil, 43
Potenz, 5
prim, 32
Primzahl, 32
Projektionsfunktion, 7

Q
Quadratwurzelfunktion, 3
Quine, 42
Quinieren, 42
Quotientenmenge, 45

R

Reduktion, 33
Register, 2
Registermaschine, unbeschränkte, 1
Rekursion, primitive, 8
Rekursionssatz, 41
Rekursionstheorie, 39
Resultatsfunktion, 15, 26
Rice, Henry G., 35, 38
Ritchie, Dennis M., 8
Rodgers Jr., Hartley, 39

S

Satz
    von Rice, 35, 56
    von Rice-Shapiro, 38, 55
Semi-Thue-System (STS), 43
SGOTO-Programm, 14
Shapiro, Norman, 38
Sheperdson, John C., 1
Signum-Funktion, 27
Smn-Funktion, 24
Smn-Theorem, 24
STS (Semi-Thue-System), 43
Sturgis, Howard E., 1
Substitution, 43
Sundblad, Yngve, 11

T

Thue, Axel, 42
Thue-System (TS), 44
Token, 16
Tritri, 11
TS (Thue-System), 44
Turing, Alan, 17, 34

U

URM (Unbeschränkte Registermaschine), 1
    Semantik, 5
    Syntax, 4
URM-Berechenbarkeit, 6
URM-Programm, 4, 5

W

Wortproblem
    Halbgruppe, 45
    STS, 43
    TS, 44

Z

Zahlentupel, 19
Zustand, 2
Zustandskodierung, 3
Zustandstransformation, 3

Printed in the United States
By Bookmasters